本书由"同心县肉牛小杂粮产业提质增效关键技术集成与示范"课题（编号 2022YFD1602501）、国家乡村振兴重点帮扶县同心科技特派团、国家肉牛牦牛产业技术体系（CARS-37）资助出版。

编　委　会

肉牛 高效生产关键技术 百问百答

梁小军　王之盛　编著

ROUNIU GAOXIAO SHENGCHAN GUANJIAN JISHU BAIWEN BAIDA

黄河出版传媒集团
阳光出版社

图书在版编目（CIP）数据

肉牛高效生产关键技术百问百答 / 梁小军，王之盛
编著. —— 银川：阳光出版社，2025. 5. —— ISBN 978-7-
5525-7801-0

Ⅰ. S823.9-44

中国国家版本馆CIP数据核字第2025HF6758号

肉牛高效生产关键技术百问百答 　　　　　梁小军　王之盛　编著

责任编辑　马　晖　赵　倩
封面设计　赵　倩
责任印制　岳建宁

出版发行　阳光出版社
地　　址　宁夏银川市北京东路139号出版大厦（750001）
网　　址　http://ssp.yrpubm.com
网上书店　http://shop129132959.taobao.com
电子信箱　yangguangchubanshe@163.com
邮购电话　0951-5047283
经　　销　全国新华书店
印刷装订　宁夏银报智能印刷科技有限公司
印刷委托书号　（宁）2500627

开　　本　880 mm×1230 mm　1/16
印　　张　7.25
字　　数　150千字
版　　次　2025年5月第1版
印　　次　2025年5月第1次印刷
书　　号　ISBN　978-7-5525-7801-0
定　　价　38.00元

前　言

　　乡村振兴，产业先行。习近平总书记多次强调，"农业现代化，关键是农业科技现代化"，"要把发展农业科技放在更加突出的位置"这为肉牛产业的转型升级指明了方向——必须依靠科技创新驱动，走高效、优质、生态、安全的可持续发展道路。在我国农业产业结构不断优化升级的进程中，肉牛产业作为畜牧业的重要组成部分，正逐渐成为保障肉类供应、促进农民增收和推动农业可持续发展的关键力量。随着人们生活水平的日益提高，对牛肉的品质和数量需求持续增长，这既为肉牛产业的发展带来了广阔的市场空间，也对其生产效率、质量安全和环境保护等方面提出了更高的要求。为此，我们组织国家乡村振兴重点帮扶县同心县科技特派团以及长期奋战在肉牛科研、教学、推广和生产一线的专家团队，凝聚国家肉牛牦牛产业技术体系专家站长多年实践经验和最新研究成果，精心编写了这本《肉牛高效生产关键技术百问百答》。

　　本书立足肉牛产业实际痛点，紧扣"高效生产"核心目标，采用清晰明了的问答形式，力求内容精炼实用、通俗易懂、便于操作。全书共分九章，系统性地覆盖了肉牛全产业链的关键环节：第一章　肉牛品种改良与繁殖技术，探讨如何通过科学的品种选育和改良，提高肉牛的生产性能和肉质品质；详细介绍不同肉牛品种的特点、杂交优势的利用以及先进的繁殖技术，如人工授精、胚胎移植等，帮助养殖户选择合适的品种并进行有效的繁殖管理，为肉牛生产奠定良好的基础。第二章　饲草种植与加工利用技术，详解优质牧草选种栽培、青贮黄贮调制、秸秆科学处理等，解决"牛吃什么好、怎么吃更经济营养"的根本问题。第三章　母牛带犊营养与饲养技术，关注繁殖母牛及犊牛这一产业源头，提供精准营养方案与精细化饲养管理要点，保障犊牛健康成活与母牛高效繁殖。第四章　肉牛育肥及饲养技术，精析不同阶段、不同目标的育肥模式、日粮配方、管理规程，直指提升增重效率和肉品质等级的核心。第五章　肉牛高效生产设施设备，阐述了现代化肉牛生产所需的设施设备及其应用。先进的设施设备是提高肉牛生产效率、保障牛肉质量和改善养殖环境的重要支撑。第六章　肉牛场规划与设计要点，指导如何科学选址、合理布局、优化功能区划，为建设高效、环保、可持续的现代化牛场提供蓝图。第七章　肉牛疾病综合防控技术，强调"预防为主、防治结合"，系统阐述常见传染病、寄生虫病、营养代谢病及普通病的识别、预防策略和规范处置方案，筑牢生物安全防线。第八章　肉牛屠宰加工与产品开发，延伸至产业链下游，介绍规范化屠宰分割工艺、冷鲜肉／冷冻肉加工技术、副产物增值利用及品牌化建设，提升产业整体价值。第九章　肉牛粪污处理与利用技术，践行绿色发展理念，详解粪污收集、无害化处理（堆肥、沼气发酵）及资源化利用（还田、基质、能源）的技术模式，实现环境友好与循环增收。

在编写过程中，我们力求语言通俗易懂、内容深入浅出，方便读者查阅和使用。同时，本书结合了国内外最新的科研成果和实际生产经验，具有较强的科学性、实用性和可操作性。希望通过本书的出版，能够为广大肉牛养殖从业者提供有益的参考和帮助，推动我国肉牛产业高质量发展，从而显著提升养殖场（户）的技术水平和经济效益，降低生产风险，推动肉牛产业向标准化、规模化、智能化、生态化方向加速迈进。本书的出版得到了"同心县肉牛小杂粮产业提质增效关键技术集成与示范"课题（编号2022YFD1602501）和"国家肉牛牦牛产业技术体系CARS-37"项目的支持，在此表示感谢。

编 者

2025年5月

目　录

第二章 饲草种植与加工利用技术

第八章　肉牛屠宰加工与产品开发

第九章　肉牛粪污处理与利用技术

第一章　肉牛品种改良与繁殖技术

1.宁夏肉牛主要的引进品种、地方品种、自主培育品种有哪些,其性能特点是什么?

20世纪70年代以来,我国先后从国外引进了很多优良肉用和兼用牛品种,目前在国内得到较为广泛利用的有西门塔尔、安格斯、海福特牛等,这些品种的引进使我国的牛肉产量和质量得以快速提高,并在自主新品种的培育中发挥了重要作用。

(1)西门塔尔牛　原产于瑞士,是大型乳肉兼用品种,肉用、乳用性能均佳。毛色多为黄白花或淡红白花,体型高大,四肢强壮,体躯长而丰满。成年公牛体高142~150 cm,体重1 000~1 200 kg;成年母牛体高134~142 cm,体重550~800 kg。适应性强,耐粗饲,寿命长,繁殖力强,产肉性能良好,但屠宰率偏低。公牛10~12月龄性成熟,17~18月龄配种;射精量平均8~10 ml,精子密度10亿~15亿/ml,精子平均活力0.70~0.90。母牛初情期为8~10

图1-1　肉牛养殖场

月龄，初配时间为14~18月龄；发情周期平均为18~22 d，平均发情时间为20~36 h。产犊间隔期平均为360 d，平均妊娠期为282~292 d。平均泌乳天数285 d，泌乳量6 500 kg，乳脂率4.0%~4.2%，乳蛋白3.5%~3.9%。

（2）安格斯牛　原产于英国的小型早熟肉牛品种，体躯宽而深，四肢短而直，无角，具有良好的增重性能，早熟易肥，胴体品质和产肉性能均高，被认为是世界上各种专门化肉用品种中肉质最优秀的品种。安格斯牛主要分为黑色和红色两种毛色。传统毛色为黑色，是安格斯牛的主流类型，早期因其毛色显性基因更受关注。红安格斯牛由隐性红色基因控制，在美国和澳大利亚被独立选育并推广。

图1-2　安格斯牛

黑安格斯牛成年公牛体高130.8 cm，体重700~750 kg；成年母牛体高118.9 cm，体重500 kg。胴体品质好、净肉率高、大理石花纹明显，屠宰率60%~65%。育肥牛屠宰率一般为60%~65%。母牛12月龄性成熟，13~14月龄初配，产犊间隔一般12个月左右。母牛发情周期20 d左右，发情持续期平均21 h。产犊间隔短，连产性好，初生重小，极少难产。对环境适应性好，耐粗饲、耐寒，易于管理。

红安格斯牛是由黑色安格斯牛中的红色隐性基因选育而成，最初因抗寒性不佳而被杂交改良，与黑色安格斯牛在体躯结构和生产性能方面没有大的差异。适应能力强，适宜于热带、温带降水丰富的牧场、山地饲养。红安格斯牛是我国从国外引进优良品种的首选牛之一，以生长速度快，肉质鲜美，营养均衡著称。

图1-3　红安格斯牛

（3）海福特牛　属于我国肉牛引入品种，原产地为英国海福特郡，是由当地牛经长期向肉用方向选育和自群繁育而成。增重快、饲料转化率高是海福特牛的典型优势。海福特公牛平均初生重36.7 kg，12月龄可达397 kg，24月龄可达855 kg；母牛平均初生重32.8 kg，12月龄可达344.5 kg，

图1-4　海福特牛

24月龄可达622.8 kg。平均日增重为0.75~1.20 kg，最高可达1.5 kg。肉质细嫩，味道鲜美，肌纤维间沉积脂肪丰富，肉呈大理石状。母牛6月龄开始发情，在18~20月龄，体重达到450~500 kg即可配种。平均发情周期21 d，可持续12~36 h，妊娠期平均277 d，易难产。公牛配种能力突出，射精量在7~9 ml。海福特牛具有早熟、耐粗饲、产肉率高、抗逆性能好、性格温顺等优秀的特点。

（4）秦川牛

我国有地方黄牛品种50多个，是世界上牛品种资源最丰富

的国家之一。我国黄牛品种根据产地、体型大小和品种特征分为三大类：中原黄牛、北方黄牛和南方黄牛。中原黄牛主要有陕西秦川牛、河南南阳牛、山东鲁西牛、山西晋南牛、山东滨州渤海黑牛等；北方黄牛主要有吉林延边牛、蒙古高原蒙古牛、辽宁复州牛、新疆哈萨克牛等；南方黄牛主要有浙江温岭高峰牛、安徽皖南牛、湖北大别山牛等。其中，秦川牛、晋南牛、南阳牛、鲁西牛、延边牛被誉为我国五大良种黄牛品种。秦川牛是宁夏饲养的主要地方品种之一。

秦川牛因产于陕西省关中地区的"八百里秦川"而得名。

图1-5 秦川牛

毛色以紫红色和红色为主，役用性能好，体躯较长，体型较丰满，骨骼粗壮坚实，性情温顺，适应性强。易育肥，牛肉肉质细嫩，大理石花纹好。在中等饲养水平下，18月龄时的屠宰率可达58.3%，净肉率50.5%。秦川牛不仅是优秀的地方品种，也是作为杂交配套的理想品种之一。

（5）中国西门塔尔牛

我国自主培育的肉牛和兼用品种主要有中国西门塔尔牛、新疆褐牛、华西牛、夏南牛、延黄牛、蜀宣花牛、云岭牛、草原红牛等。

中国西门塔尔牛主产于内蒙古、辽宁、山西、四川等地，是西门塔尔牛与我国地方黄牛杂交选育的乳肉兼用品种。外貌与国

外西门塔尔牛的基本
一致，体躯身宽高大，
结构匀称，肌肉发达，
乳房发育良好。成年
公牛体高145 cm，体重
850~1 000 kg；成年母
牛体高130 cm，体重

图1-6 中国西门塔尔牛

550~650 kg。短期育肥后，1.5岁以上的屠宰率为54%~56%，净
肉率为44%~46%。适应范围广，耐粗饲，抗病力强。

西门塔尔牛F1代白头芯，指头部中间有一块白色，身体其
他部位为黄色，体型瘦小，生长速度和抗病能力一般。F2代穿
鼻梁，从头一直到嘴都是白色，身上全是黄的，体型略有增大，
骨骼更加坚固；F3代头全白、红眼圈、身上有黄白花片，体型
进一步增大，生长速度和抗病能力明显增强。

（6）新疆褐牛 主产区为新疆，是我国自主选育的第一
个乳肉兼用品种，也是新疆最主要的牛肉和牛奶来源。体型外
貌与瑞士褐牛相似，泌乳和产肉性能都较好。适应性强，耐粗

图1-7 新疆褐牛

饲，耐严寒和高温，抗
病力强。新疆褐牛成年
母牛体重430 kg，产奶
量2 100~3 500 kg；成年
公牛体重490 kg，在自
然放牧条件下，2岁以上
屠宰率为50%以上，净

肉率为39%，育肥后净肉率超过40%。

（7）华西牛　以肉用西门塔尔牛为父本，乌拉盖地区（西门塔尔牛 × 三河牛）与（西门塔尔牛 × 夏洛来 × 蒙古牛）组合的杂交后代为母本选育而成的专门化肉牛新品种。具有生长速度快，屠宰率、净肉率高，繁殖性能好，抗逆性强等特点。华西牛成年公牛体重（936.39 ± 114.36）kg，

图1-8　华西牛

成年母牛体重（574.98 ± 37.19）kg。20~24月龄宰前活重平均为（690.80 ± 64.94）kg，胴体重为（430.84 ± 40.42）kg，屠宰率（62.39 ± 1.67）%，净肉率为（53.95 ± 1.46）%。12~18月龄育肥牛平均日增重为（1.36 ± 0.08）kg/d，最高可达1.86 kg/d，第12~13肋间眼肌面积为（92.62 ± 8.10）cm²。母牛体型结构匀称，乳房发育良好，性情温顺，母性好。

（8）夏南牛　中心产区位于河南省泌阳县。夏南牛体质健壮，性情温驯，适应性强，耐粗饲，采食速度快，易肥育；抗逆力强，耐寒冷。具有生长发育快、易肥育的特点。公、母牛平均初生重38 kg和37 kg；18月

图1-9　夏南牛

龄公牛体重可超过400 kg，成年公牛体重可超过850 kg。24月龄母牛体重达390 kg，成年母牛体重可超过600 kg。18月龄夏南公牛屠宰率60.13%，净肉率48.84%，眼肌面积117.7 cm²，熟肉率58.66%，肌肉剪切力值2.61，肉骨比4.81：1，优质肉切块率38.37%，高档牛肉率14.35%。

（9）延黄牛 现主要分布在吉林省延边朝鲜族自治州。延黄牛是以利木赞牛为父本、延边牛为母本，杂交改良、横交固定和群体继代选育，培育而成的肉牛新品种。具有体格健壮、发情温驯、耐粗饲、适应性强生长速度快、肉质细嫩等特点。

图1-10 延黄牛

延黄牛犊牛平均初生重，公犊为30.8 kg，母犊为28.6 kg；平均体高公牛为68.4 cm，母牛为66.3 cm。18月龄平均体重，公牛为432.3 kg，母牛为372.6 kg；平均体高，公牛为122.4 cm，母牛为121.8 cm。成年平均体重，公牛为1 056.6 kg，母牛为625.5 kg；平均体高，公牛为156 cm，母牛为136 cm。在放牧饲养条件下未经育肥的18月龄公牛，宰前活重361.6 kg，胴体重208.9 kg，屠宰率为57.8%，净肉重175.4 kg，净肉率为48.5%；宰前集中舍饲短期育肥的18月龄公牛，宰前活重378.7 kg，胴体重225.2 kg，屠宰率为59.5%，净肉重182.9 kg，净肉率为48.3%。在集中育肥的情况下，公牛、阉牛屠宰率分别为59.8%、59.5%，眼肌面积分别为98.6 cm²、90.3 cm²。

（10）蜀宣花牛　以宣汉黄牛为母本，选用原产于瑞士的西门塔尔牛和荷兰的荷斯坦乳用公牛为父本，从1978年开始，

图1-11　蜀宣花牛

通过西门塔尔牛与宣汉黄牛杂交，导入荷斯坦奶牛血缘后，再用西门塔尔牛级进杂交创新，经横交固定和4个世代的选育提高，历经30余年培育而成的乳肉兼用型牛新品种。蜀宣花牛性情温顺，具有生长发育快、产奶和产肉性能较优、抗逆性强、耐湿热气候、耐粗饲、适应高温（低温）高湿的自然气候及农区较粗放条件饲养等特点。

公、母牛出生重分别为31.6 kg和29.6 kg；6月龄公、母牛体重分别为149.3 kg和154.7 kg；12月龄公、母牛体重分别为315.1 kg和282.7 kg。成年公、母牛体高分别为149.8 cm和128.1 cm，体斜长分别为180.0 cm和157.9 cm，胸围分别为212.5 cm和188.6 cm，管围分别为24.3 cm和18.6 cm。

蜀宣花牛第四世代群体平均年产奶量为4 480 kg，平均泌乳期为297 d，乳脂含量为4.16%，乳蛋白含量为3.19%。公牛18月龄育肥体重平均达499.2 kg，90 d育肥期平均日增重为1 275.6 g，屠宰率为57.6%，净肉率为48.0%。

（11）云岭牛　由婆罗门牛、莫累灰牛和云南黄牛3个品种杂交选育而成，主要分布在云南的昆明、楚雄、大理、德宏、普洱、保山、曲靖等地，具有适应性广、抗病力强、耐粗饲，

繁殖性能优良且能生产出优质高档雪花肉等显著特点。

在一般饲养管理条件下，云岭牛公牛初生重（30.24±2.78）kg，断奶重（182.48±54.81）kg，12月龄体重（284.41±33.71）kg，18月龄体重（416.81±43.84）kg，24月龄体重（515.86±76.27）kg，成年体重（813.08±112.30）kg；在放牧+补饲的饲养管理条件下，12~24月龄日增重可达（1 060±190）g。母牛初生重（28.17±2.98）kg，断奶体重（176.79±42.59）kg，12月龄体重（280.97±45.22）kg，18月龄体重（388.52±35.36）kg，24月龄体重（415.79±31.34）kg，成年体重（517.40±60.81）kg。相比于较大型肉牛品种，云岭牛的饲料报酬较高。

图1-12　云岭牛

经普通育肥，至24月龄公、母牛活重分别为（508.2±15.4）kg和（430.8±38.0）kg，屠宰率分别为（59.56±5.31）%和（59.28±6.70）%，净肉率分别为（49.62±3.94）%和（48.64±5.51）%，眼肌面积（12~13肋）分别为（85.2±7.5）cm^{2}和（70.4±8.2）cm^2。优质肉切块率可达（39.4±6.1）%。按照日本和牛肉分割与定级标准，70%个体的肉品质达到A3以上等级、口感细嫩、多汁、滋味好，可与日本神户牛肉媲美。

（12）草原红牛　用短角公牛和蒙古母牛级进杂交，第二、三代进行自群选育，于1985年由吉林省农科院畜牧研究所与内蒙古、河北三省（区）协作成功培育。草原红牛的特点是适应

图1-13 草原红牛

性强，耐粗饲，夏季完全依靠草原放牧饲养，冬季不补饲，仅依靠采食枯草，即可维持生存。对严寒、酷热气候的耐力很强。

该品种牛成年公牛平均体高137.3 cm，体长177.5 cm，胸围213.3 cm，体重760.0 kg；成年母牛体高124.2 cm，体长147.4 cm，胸围181.0 cm，体重453.0 kg。在以放牧为主的条件下，草原红牛屠宰前给予短期肥育后，屠宰率可达53.8%，净肉率达45.2%。

2. 如何测定肉牛主要生产性状?

（1）生长发育性状 体尺体重测量是肉牛生长评估的重要手段。冬季测量时需考虑被毛厚度及积雪影响，确保测量工具精度与操作规范，准确记录体高、体斜长等数据，绘制生长曲线，监测生长速度与发育均衡性，为调整饲养策略提供参考。

（2）肥育性状 育肥始重与终重测定应在空腹、相同环境条件下进行，精确计算育肥期日增重。同时，分析饲料配方、饲养密度与日增重关系，优化育肥方案，提高饲料转化率，促进肉牛高效增重。

（3）饲喂效率性状 饲料转化率（FCR）与剩余采食量（RFI）测定时，要精准控制饲料质量与投喂量，考虑低温下肉牛采食量变化及饲料能量损耗。通过长期数据积累，筛选高效基因型肉牛，降低养殖成本，实现可持续发展。

（4）胴体性状 屠宰操作需遵循严格规程，待宰牛宰前管理要注重保暖与应激防控。屠宰后，利用专业设备准确测定胴体重量、产肉性能指标，并在低温车间进行形态测定。分析寒区饲养对胴体品质影响，为肉质提升提供依据。

（5）肉质性状 肉质评定综合许多指标。肌肉大理石花纹、颜色、脂肪颜色评定采用标准卡与色差计结合，确保结果客观准确；嫩度测定依标准流程操作；pH 测定及时规范，分析其与肉质保水性、风味的关联；系水力测定选合适方法，为优质牛肉生产提供技术支撑。

（6）繁殖性状 睾丸大小和体积测量选适宜时间，结合超声技术评估睾丸发育与精子生成能力；采精量、精子活力等指标测定在标准化实验室进行，分析精液品质变化规律，指导繁殖管理。种母牛记录初产年龄、情期受胎率等。

（7）泌乳性状 哺乳期日增重通过精确测定进行计算，分析营养供给与日增重关系。兼用牛泌乳性状测定中，产奶量依不同挤奶方式与季节优化测定频率与方法；乳脂率、乳蛋白率等用先进仪器检测，建立奶牛泌乳性能数据库，指导饲养与选种。

（8）超声波活体测定 利用超声波活体测定可避免屠宰损失。选择适宜超声仪与探头，操作前充分准备，测定时确保牛只保定安全、部位清洁、耦合剂涂抹均匀。准确测量肌间脂肪含量等性状，结合其他数据预测胴体品质，为早期选种提供依据。

3. 如何进行肉牛后裔测定？

（1）后裔测定方法

女儿平均值法：以一定数量女儿的平均表型值来鉴定种公畜。例如，比较不同种公牛的女儿群体的平均产肉量、生长速度等指标，平均值高的种公牛在相应性状上表现更优。但该方法未排除所配种的母牛生产性能以及季节和饲养管理水平等因素的影响。

女、母对比法：以女儿平均表型值与所配母畜的平均表型值之差来反映种公畜的遗传作用，能在一定程度上排除母牛自身因素对后代性能的影响。不过，它仍未完全排除季节和饲养管理差异的影响。

同期同龄比较法：将种公畜的女儿与其他公畜的同期同龄女儿作对比，使不同种公牛的后代在相似的生长环境和阶段进行比较，减少环境因素干扰，较客观地评估种公牛的遗传价值，是目前采用较普遍的方法。

最优线性无偏预估法：利用混合模型的最小二乘分析来估测公畜育种值，综合考虑多种因素，通过复杂的统计分析方法，更准确地估计种牛的育种值，提高测定的准确性，但对数据量和分析技术要求较高。

（2）后裔测定流程

①参测公牛选择：需来自有种畜禽生产经营许可证的育种场，且3代以上系谱完整。其品种特征要明显，生长发育符合品种要求，体型外貌评定达到该品种特级或一级，同时经DNA检测确认不携带遗传缺陷基因。

②后裔测定场选择：牛场要有与参测青年公牛同一品种的健康能繁母牛存栏100头以上，饲养管理规范，牛只系谱档案、配种、繁殖等数据记录完整，配备肉牛生产性能测定必要的设施设备，并设专人从事后裔测定工作。

③后裔测定试配：每头参测青年公牛应提供500剂以上试配冷冻精液，且试配冷冻精液至少分配到5个不同省（自治区、直辖市）的10个后裔测定场，每个省至少分配到2个后裔测定场，配种要遵循随机原则，并在3个月内完成。

④测定数据收集：后裔测定场需在规定时间内提供参测青年公牛的配种、母牛妊娠和后代出生记录。参测青年公牛的所有健康后代要按相关规范进行生产性能测定，包括体重、体尺等指标测定，在15~18月龄按照该品种体型外貌评定标准评分。

当前我国开展肉牛生产性能测定的依据是《肉牛生产性能测定技术规范》（GB/T 43838—2024），主要内容包括生长发育性状（初生、6月龄或断奶、12月龄、18月龄、24月龄、36月龄等月龄段的体重及体尺性状）、肥育性状（育肥始重、育肥终重、育肥期日增重、饲料转化率）、胴体性状（宰前重、胴体重、胴体等级、屠宰率、净肉率、骨肉比、眼肌面积、背腰厚）、肉质性状（肉色、脂肪颜色、大理石花纹、剪切力值、肌肉脂肪含量、pH、滴水损失）。

⑤遗传评估与结果公布：根据后裔测定数据，采用最佳线性无偏估计方法对参测青年公牛的各性状进行个体育种值估计，并计算中国肉牛选择指数，作为公牛排序依据。定期发布后裔测定结果，包括参测青年公牛各性状估计育种值及排名、育种

值估计准确性、中国肉牛选择指数及其排名。

4. 牛胚胎移植技术流程是什么？

胚胎移植是继人工授精技术之后家畜繁殖技术领域的又一次革命。该技术流程是指将早期胚胎从供体体内取出或体外生产的胚胎，移植到另一头同种且与胚胎发育阶段相符的受体子宫内，使之继续妊娠发育为新个体的过程。无论是在肉牛生产和还是科研中，胚胎移植在其中发挥了非常重要的作用。胚胎移植可以提高肉牛核心群体扩繁效率，比人工授精技术繁殖效率提高15倍，不仅可以提高父、母本优秀遗传资源的利用效率，还可以有效地减少疾病的传播，降低在引进新品种方面的费用等。胚胎移植技术操作主要包括受体牛选择、同期发情、胚胎解冻、胚胎植入4个环节。

（1）受体牛选择　受体牛应选择16月龄以上，体重 360 kg 以上的育成牛，或2.5~5.0岁、1~2胎的成母牛，膘情中等、无繁殖疾病、生殖系统发育良好的繁殖母牛。经产牛产后60 d 以上，并具有2次正常的发情周期。人工授精超过2次不孕的牛、有流产史和难产史的牛不能作为受体牛。

（2）同期发情　采用阴道栓加前列腺素（CIDR+PG）法同期发情：将放入孕酮的缓释装置（CIDR）之日定为第0天，肌内注射前列腺素（PG），在第10天撤栓，第19天进行移植。

（3）胚胎解冻　三步平衡法冻胚的解冻。将含10%、6%和3%甘油的保存液，使用滤器灭菌后，分装于小培养皿内，第1杯为含10%甘油的 PBS 保存液，第2杯为含6%甘油的 PBS 保存液，第3杯为含3%甘油的PBS保存液，第4杯为不含甘油的PBS保存液。用70%酒精棉球擦拭塑料细管和剪刀刃，剪去棉塞端，与带有空气的1 ml注射器连接。再剪去细管的另一端。第一步，在室温下将胚胎推入10%甘油的PBS解冻液中，放置5 min。第二步，将10%甘油的PBS解冻液中的胚胎移入6%甘油的PBS解冻液中，放置5 min。第三步，将6%甘油的PBS解冻液中胚胎移入3%甘油的PBS解冻液中，放置5 min后，再将胚胎移入PBS解冻液中，镜检待用。

（4）胚胎植入　胚胎移植时可用0.25 ml细管分3段吸入Holding液，中间由2个气泡隔开，中段含有胚胎。含有胚胎的细管装入移植枪，按照顺序套上无菌硬外套和软外套，以避免移植枪头部接触动物会阴部和阴道对子宫造成污染。借助于直肠检查，将移植枪送入子宫颈，然后输送到黄体同侧子宫角。

5. 为什么肉牛生产要使用杂交配套模式？

在肉牛生产中，往往采用两个或多个品种杂交来生产商品肉牛。这样既能利用远缘杂交优势，又能互补单一品种的某些不足，可以提高生产效率和经济效益。以本地黄牛为母本，引进优良肉用品种为父本进行杂交，所培育的后代既保留了本地牛耐粗放、适应性强的特点，又有外来优良品种生长快、产肉多、肉质好、饲料报酬高的优点，使本地黄牛在体型、生长速度、产肉性能等方面得到提高。

引进优良牛品种杂交改良黄牛有三个要求，一是引进牛品种要与黄牛相近，二是制订合理的技术方案和杂交路线，三是选择较好个体进行下一代杂交。具体与我国现阶段情况相适应的肉牛杂交体系如下：①在引入品种改良本地黄牛的基础上，继续利用杂交优势，改良效果较差的地区改良方向应是向配套系的母系发展；②选择具有互补性的理想长势和胴体特征的公牛作父系，保持杂交优势的持续利用；③组装两个或两个以上品种的优势开展肉牛配套系生产，在可能的情况下形成新的地方类群。一般在级进杂交有困难的地方组织这种配套系。

6. 肉牛杂交的主要方式有哪些？

肉牛生产中的杂交模式主要有经济杂交、轮回杂交、"终端"公牛杂交和轮回－"终端"公牛杂交。国外肉牛业中已广泛利用经济杂交开展两品种杂交或三品种杂交，纯种肉牛杂交后代产肉能力可提高15%~20%。

（1）经济杂交 也叫生产杂交，即使用外来优良品种公牛与本地黄牛杂交，以获得具有经济价值较高的杂种后代，增加产品数量和降低生产成本。经济杂交又分为二元杂交和三元杂交，二元杂交即2个品种之间的杂交，所获杂交一代公牛全部用作肉用，母牛作为繁殖母牛群；三元杂交指3个品种之间的杂交，甲品种与乙品种牛杂交后产生杂种一代，其母牛再与丙品种公牛杂交，所产生的杂交二代不论公母一律用作商品牛。

（2）轮回杂交 用两个或两个以上品种的公牛，先用一个品种的公牛与本地母牛杂交，其杂种后代母牛再和另一品种公牛交配，以后继续用没有亲缘关系的两个品种的公牛轮回杂交。轮回杂交的优点是可有效减少种公牛饲养数量，避免单一品种过度杂交和近亲杂交带来的杂交优势衰退。

（3）"终端"公牛杂交　用 B 品种公牛与 A 品种纯种母牛配种，将 F1母牛（BA）再与第三个品种 C 公牛进行杂交，所生 F2不论公母全部出售，不再进一步杂交，停止在最终使用 C 品种公牛的杂交。"终端"公牛杂交的特点是能使品种优点相互补充而获得最高的生产性能。

（4）轮回–"终端"公牛杂交　在2品种或3品种轮回杂交后代中保留45%的母牛用作轮回杂交，以供更新母牛之需。其余55%的母牛，选用生长快、肉质好的公牛（"终端"公牛）配种，所产生的后代公母犊全部育肥出售，以期取得减少饲料消耗、生产更多牛肉的效果。

7. 在肉牛繁育中推广同期发情技术有什么益处?

同期发情技术即通过激素处理，人为地控制并调整群体母牛在一定时间内集中发情配种。现行的同期发情技术主要有两种途径：一是通过孕酮类药物处理延长母牛的黄体作用从而抑制卵泡发育，停药后使卵泡成熟并排卵；另一种是通过前列腺素类药物处理溶解黄体，使卵泡发育排卵。

在肉牛繁育中推广同期发情技术有利于缩短产犊间隔，提高母牛繁殖效率；有利于控制母牛的产犊期，根据市场需要、物资设备情况合理安排配种、产犊时间，使牛群按照经营者的需要有计划地繁殖和育肥，做到生产与销售相协调；有利于牛舍和设备的合理使用、工作人员的统筹安排、饲料生产与供应、牛群存出栏的相互协调。

8. 母牛同期发情的常用方法有哪些?

母牛的同期发情常用的方法有以下几种。

方法一:在母牛发情周期的任意一天(发情当天除外),于牛阴道内放置 CIDR(孕酮的缓释装置),记为零天。同时肌内注射 E_2(雌二醇)2 mg 和 P_4(孕酮)50 mg,在放置阴道栓的第 8 天上午肌内注射 $PGF_2\alpha$(氯前列腺烯醇)5 mg,下午撤出阴道栓。发情后直肠探查卵泡发育情况,如有优势卵泡进行输精。该方法处理后母牛同期发情率高达95%,但处理成本较高,每头牛约100元。

方法二:在母牛发情周期的任意一天(发情当天除外)肌内注射 $PGF_2\alpha$ 5 mg,间隔11天再次注射 $PGF_2\alpha$ 5 mg。发情后直肠探查卵泡发育情况,如有优势卵泡进行输精。该方法同期发情率约60%,但处理成本低,每头牛约20元。

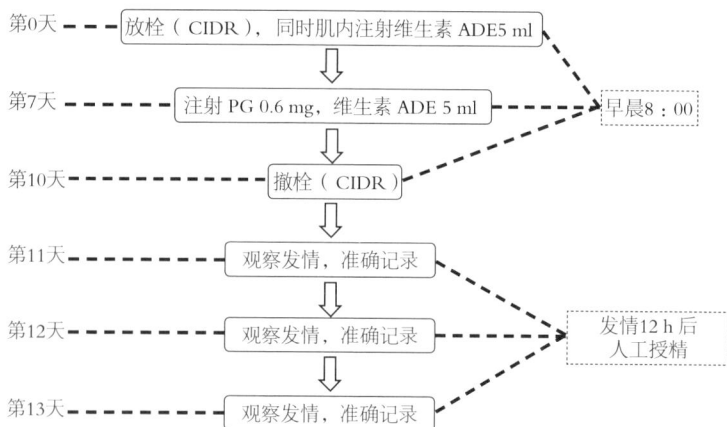

图1-13 CIDR+$PGF_2\alpha$ 法同期发情方案

　　方法三：在母牛发情周期的任意一天（发情当天除外）肌内注射 GnRH（促性腺激素释放激素）100 μg，7天后再肌内注射 PGF$_2$α 5 mg，2天后再次肌内注射 GnRH 100 μg。发情后直肠探查卵泡发育情况，如有优势卵泡进行输精。该方法母牛同期发情率在50%以上，优点是成本也较低，约为30元。

9. 母牛发情鉴定的方法有哪些?

　　发情鉴定是母牛繁育工作中的基础技术，准确、高效的发情鉴定是提高母牛繁殖效率和养牛经济效益的关键。目前，生产中最常用、最方便的方法主要有外部观察法和直肠检查法。

　　（1）外部观察法
①发情初期：母牛开始出现发情表现，食欲减退，兴奋不安，四处张望、走动，时常发出叫声。外阴部稍肿胀，阴道黏膜潮红、肿胀，有大量透明黏液排出。

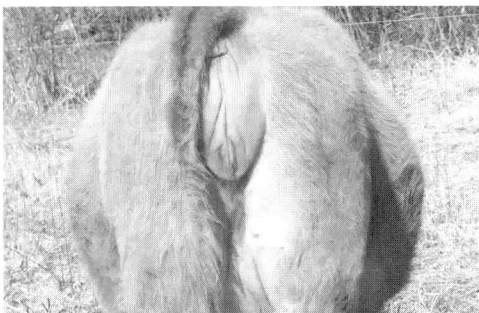

图1-14　母牛外阴

②发情盛期：食欲明显减退甚至拒食，兴奋不安，四处走动，稳定接受试情公牛或其他母牛的爬跨而稳

图1-15　肉牛交配

立不动，外阴部肿胀明显，流出透明黏液，以手拍压牛背十字部，表现凹腰和高举尾根。

③发情末期：母牛兴奋感减弱，哞叫声减少，不接受爬跨，躲避又不远离。外阴部肿胀稍减退，排出的黏液由透明变为稍有乳白的混浊，黏液性减退牵拉如丝状，个别混有血液。

（2）直肠检查法　可具体判明卵泡发育程度，预测排卵时间，防止漏配或误配减少输精次数，提高受胎率，尤其对于发情表现异常的母牛，通过直肠检查判断其排卵时间极为必要。

①操作方法：操作者戴上长臂塑料手套，手套外表面蘸取少量水，手指并拢呈锥状伸入肛门内直肠，排出宿便，手伸入骨盆腔内触摸到卵巢。此时以手指腹轻轻触摸卵巢，判断卵泡的大小、形状、弹性和泡壁薄厚等发育状况，以同样手法移至另一侧卵巢上，触摸其各种形状。

②卵泡的判断标准：母牛发情期卵巢上只有发育的卵泡，其卵泡发育由小到大、由硬变软、由无弹性到有弹性，逐渐呈半球状突出卵巢表面，可划分如下几期。

第1期为卵泡出现期：卵巢稍增大，卵泡直径为0.50~0.75 cm，触诊时为软化点，波动不明显。

第2期为卵泡发育期：卵巢明显增大，卵泡增大至1.0~1.5 cm，呈小球形突出卵巢表面，波动明显。此期的后半期，母牛的发情表现已经减弱，甚至消失。

第3期为卵泡成熟期：卵泡不再增大，其卵泡壁变薄。触摸时有一触即破之感。母牛在此时期已无发情表现。

第4期为卵泡排卵期：卵泡破裂排卵，卵泡液流失，成为一个小凹陷。排卵多发生在发情表现消失后的10~15 h。母牛在此时期已无发情表现。

（3）注意事项

①发情鉴定要及时：母牛发情期短，需要及时判断母牛发情阶段，避免漏配误配。

②多手段综合判断：个别母牛因为某些原因会出现异常发情，应运用至少两种发情鉴定技术判断母牛发情时期，避免单一的鉴定技术出现失误。

③异常发情的防治：了解异常发情的症状，对于异常发情的母牛及时治疗，减少经济损失。

10. 为什么牛在输精前要进行精子存活率检查?

精子的存活率是在显微镜下观察，呈直线运动的精子占总精子数的百分比。由于只有直线运动的精子才具备与卵子结合而受精的能力，所以精子存活率的高低直接影响配种受胎率。因此，精子的存活率是精液品质检查的首要指标，而且是配种技术人员必须掌握、不可或缺的重要技术和工作环节。在输精前，冷冻精液解冻后要进行检查，精子存活率达到标准方可使用，即冻精的存活率在0.3以上方可输精。

由于精子的存活率受温度和光照的影响很大，所以，解冻冻精时应用38~39℃温水直接浸泡10~15 s，检查时要在室温（20~25℃）下，37℃恒温台上进行。室内光线要暗，避免阳光直射。精子存活率的计算方法：用高倍镜观察100个精子，计数活动精子与不活动精子的比例，计算精子活动的百分率。精子活动率 = 活动精子数 /（活动精子数 + 不活动精子数）× 100%。

11. 人工授精操作流程及注意事项有哪些?

人工授精操作主要包括冻精解冻、装枪和输精三个步骤。

（1）冻精解冻　细管冻精用38~39℃温水直接浸泡解冻，时间为10~15 s。解冻后的细管精液应避免温度剧烈变化，避免阳光照射及有毒有害物品、气体接触。解冻后的精液存放时间不宜过长，应在1 h 内输精。

（2）装枪　金属输精枪应提前消毒。消毒步骤：先用生理盐水棉球擦洗，再用75% 酒精棉球擦洗，接着用蒸馏水冲洗3~4次，蒸沸30 min，烘干后用消毒纱布包好备用。将解冻后的精液细管按程序装入输精枪内，拧下输精枪管嘴，将细管剪口的一端朝管嘴前端放入管嘴内，两手分别握住细管和管嘴，同时稍用力将细管向管嘴内旋转一周，使细管剪口端与管嘴前段内壁充分吻合，然后将细管有栓塞的一端套在推杆上，拧紧管嘴即可输精。

（3）输精　输精前用清水洗净牛外阴部，然后用0.1% 高锰酸钾溶液消毒。采用直肠把握子宫颈输精法，输精者左手戴长臂手套，涂以润滑剂，手指并拢呈锥形，缓缓插入母牛肛门并深入直肠，抓住子宫颈，右手插入输精枪时要轻、稳、慢，输精枪尽量通过子宫颈口深部输精，输精完毕后缓慢抽出输精枪，让牛安静站立5~10 min，防止精液倒流。冻精解冻后最好在15 min 内输精完毕。

（4）注意事项

①操作卫生：在进行人工授精前，必须对母牛的外阴部进行清洗，可以使用清洁水或0.1%的高锰酸钾溶液。此外，输精器械在使用前后都要进行严格消毒。

②输精操作：操作时要轻柔，避免输精枪枪头损伤阴道穹窿和子宫黏膜，尤其是在技术不熟练的情况下，最好不要将输精器插至子宫角。

③精液品质：冷冻精液解冻后的活力必须达到0.3以上，在进行人工授精前，每批次精液都要进行严格评估。

④安全管理：保持个人卫生，穿戴好工作衣帽和胶鞋，输精前，做好母牛保定措施，存放冻精的液氮罐应每周检查1次，确保液氮充足。

12. 何时进行母牛妊娠检查，妊娠检查的方法有哪些？

母牛配种后，是否受胎怀孕，应进行妊娠诊断。通过妊娠诊断，对已妊娠牛和未妊娠牛做到心中有数，从而采取相应的饲养管理措施。对妊娠牛，需改善饲养管理，保证母体与胎儿健康发育，及时采取保胎措施，防止流

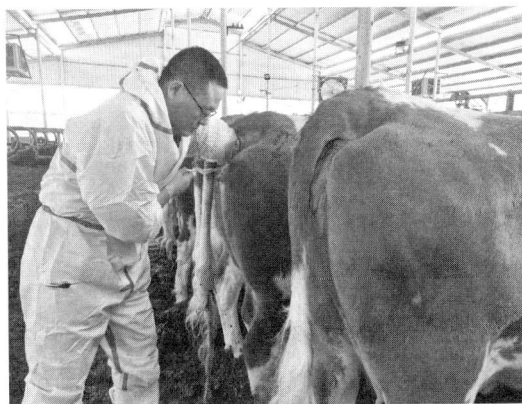

图1-16　牛人工授精操作

产；对未配上的母畜则要查明原因，采取防止漏配措施，从而减少空怀，缩短产犊间隔。发现有产科疾病要及时治疗，促使其再发情，再输精，对于屡配不孕牛也应及时淘汰。同时分析未妊娠原因，找出解决方法，最大限度地减少因空怀给生产带来的损失。

妊娠诊断的方法主要有外部观察法、直肠检查法、阴道检查法、超声检查法和激素检查法，根据不同的诊断方法确定诊断时间。

（1）外部观察法　母牛怀孕后，一般外部表现为发情停止，食欲增进，饮水量增加，营养状况改善，毛色润泽，膘情变好。性情变得安静、温顺、行动迟缓，常躲避角斗或追逐，放牧或驱赶运动时，常落在牛群之后。怀孕中后期腹围增大，腹壁的一侧突出，可触到或看到胎动。育成牛在妊娠4~5个月乳房发育加快，体积明显地增大，而经产牛乳房常常在妊娠的最后1~4周才明显肿胀。外部观察法的最大缺点是不能早期确定母牛是否妊娠。

（2）直肠检查法　用手隔着直肠壁通过触摸检查卵巢、子宫以及胎儿和胎膜的变化，可用于牛的早期妊娠诊断，方法准确而快，在生产中应用普遍。一般在妊娠2个月左右就可以作出准确诊断。

（3）阴道检查法　牛怀孕后阴道黏液的变化较为明显，该方法主要根据阴道黏膜色泽、黏液、子宫颈等来确定母牛是否妊娠。母牛怀孕3周后，阴道黏膜由未孕时的淡粉红色变为苍白色，没有光泽，表面干燥，同时阴道收缩变紧，插入开张器时有阻力感。怀孕1.5~2.0个月，子宫颈口附近有黏稠黏液，量很少，3~4个月量增多变为浓稠、灰白或灰黄，形如糨糊。妊娠母牛的子宫颈紧缩关闭，有糨糊状的黏液块堵塞于子宫颈口称为子宫颈塞（栓），它是在妊娠后形成的，主要起保护胎儿免遭外界病菌的侵袭，在分娩或流产前，子宫颈扩张，子宫颈塞溶解，并呈线状流出，因此阴道检查对即将流产或分娩的牛是很有必要的。而对于检查妊娠，虽然也有一定参考价值，但不如直肠检查准确。

（4）超声波诊断法　超声波诊断法的最大优点是它可在不损伤肉牛繁殖性能的情况下重复探查母牛生殖道，超声波诊断技术可分为超声示波诊断法（A超）、超声多普勒探查法（D超）和实时超声显像法（B超）。目前最常用的是B超诊断法。牛配种24 d后可用B超诊断仪进行妊娠诊断，用探头隔直肠壁扫描子宫，可显示子宫和胎儿机体的断层切面图，以判断是否怀孕。

（5）激素反应法　分为肌内注射法和孕酮测定法。①肌内注射法：牛配种后18~20 d，肌内注射合成雌激素（乙烯雌酚等）2~3 mg或三合激素，注射后5 d内不发情即可判为妊娠，此法准确率在80%以上。②孕酮测定法：配种后23~24 d采集血浆、全乳测定孕酮含量，未孕母牛

图1-17　B超早期妊娠检查

的血浆孕酮含量因黄体退化而下降，怀孕母牛则保持不变或上升，其差异为早期妊娠诊断的基础。多采用放射免疫法或酶免疫法测定血浆中孕酮的含量，以判定母牛是否妊娠。乳中孕酮含量比血液中高5~6倍。

第二章 饲草种植与加工利用技术

13. 宁夏特色农林副产物资源主要有哪些？

宁夏作为我国重要的农业与畜牧业省区，拥有丰富的农林副产物资源，为发展畜牧业，特别是肉牛养殖业提供了独特而优越的原料基础。以下是宁夏可饲用化的主要农林副产物资源及其特点。

（1）可饲用化的农副产品或废弃物资源 玉米秸秆、水稻秸秆、小麦秸秆：此类秸秆粗纤维含量高，是反刍动物常用的粗饲料来源。通过微贮、氨化或碱化等处理方式，能够显著改善其适口性和消化率，提高饲用价值。

谷草、糜草：谷草质地柔软、适口性好，其粮草比为1∶1~1∶3，营养价值接近豆科牧草。糜草是一种粮饲兼用作物，富含脂肪、淀粉、蛋白质、维生素及多种微量元素，适合作为优质饲草推广应用。

马铃薯秧、红薯秧：马铃薯秧营养成分较为丰富，粗蛋白质含量可达15%，中性洗涤纤维含量为28%~47%，酸性洗涤纤维含量为23%~30%，是优质的粗饲料来源，但含有一定量的龙葵素，直接饲喂存在动物中毒风险；青贮处理可有效降低龙葵素含量，同时提升其营养利用效率。红薯秧富含蛋白质、纤维和微量元素，是优良的饲用资源，但由于含水量较高，青贮难度较大，建议晒干粉碎后使用。

豆科类农作物干秧（大豆秧、豌豆秧等）：富含蛋白质和矿物质，是优质的粗饲料原料，适合补充肉牛日粮中蛋白质的不足。

玉米芯：主要成分为纤维素和木质素，同时含有氨基酸、维生素以及铁、钾、镁、硫等多种矿物质元素。调查数据显示，宁夏地区玉米芯约含粗蛋白质2.42%、粗脂肪0.36%、粗纤维35.42%、中性洗涤纤维79.13%、酸性洗涤纤维42.49%、酸性洗涤木质素5.77%、粗灰分2.77%、钙0.120 1%、磷0.039 9%、无氮浸出物50.53%，是一种典型的高纤维粗饲料。

葵花盘：含粗蛋白质7%~9%、粗脂肪6.5%~10.5%、粗纤维约17.1%、无氮浸出物约43.9%。与一般秸秆类饲料相比，葵花盘在粗脂肪和可溶性碳水化合物（无氮浸出物）含量上具有明显优势，营养价值更高，适宜用于肉牛育肥饲粮中。

（2）可饲用化中药材种植与加工副产物或废弃物资源　宁夏具有丰富的中药材种植与加工产业，其加工过程中产生的大量副产物具备良好的饲用潜力，主要包括以下两类。

枸杞加工副产物：富含多糖、黄酮类及其他生物活性物质，具有抗氧化与免疫调节作用，可开发为功能性饲料添加剂。

甘草、苦豆子、柠条、黄花菜、黄芪、黄芩、金银花等中药材加工副产物：具有一定药理活性与功能性成分，在合理使用剂量下可提升动物健康水平，尤其适合在肉牛保健性饲粮中应用，但需注意其有效成分残留与安全性评估。

（3）可饲用化的食品加工副产物 宁夏地区部分特色食品加工行业也产生了丰富的饲用副产物资源，主要包括马铃薯渣、甜菜渣、豆腐渣等。

14. 饲草加工调制的主要目的、方法及优缺点是什么？

（1）饲草加工调制的核心目的是优化饲草品质、延长储存期并减少饲料浪费，从而提高饲料利用率和经济效益。具体包括以下几个方面。

①改善适口性。加工可使饲草结构更松散或湿润，便于牛只采食，尤其是对秸秆等粗纤维含量高的饲草效果显著。改善适口性可以增加采食量，进而提高生产性能。

②提高消化率。通过破坏饲草表层的纤维结构，增加表面积，促进瘤胃微生物对粗纤维的分解利用，提高饲料消化率。

③营养保存。在自然干燥过程中，叶片易脱落导致蛋白质流失，而调制技术可以有效保存营养成分。

④延长储存期。如青贮、氨化等处理方式可使饲草在非生产季节仍保持良好的饲用价值，保障全年饲料稳定供应。

（2）主要方法及优缺点 饲草加工调制的方法主要包括物理法、化学法和生物法，各具特点和适用范围。

①物理法。切割与铡短：将饲草切至合适长度，提高适口性和混合均匀性，常用于玉米秸秆、小麦秸秆、水稻秸秆等。秸秆类应根据后续处理方法确定切割长度，用于青贮推荐铡短至2 cm左右，直接饲喂或氨化/碱化处理应控制在3~5 cm；谷草、糜草应铡短至3~4 cm，避免过短造成咀嚼时间不足；豆科

干秧（大豆秧、豌豆秧）可切至1.5~2.0 cm用于后续配置全混合日粮，如需直接饲喂建议延长至2~3 cm，有利于消化且避免采食中挑选问题。此方法优点是简便易行、成本低，缺点是无法显著提高营养价值或改变成分。

粉碎：将饲草打碎成细颗粒（玉米芯粉碎至3~5 mm、豆类饲草2~3 mm），便于混合精料。优点是可提升消化性，便于日粮调配；缺点是易产生粉尘，影响牛只呼吸系统。

压块：将饲草制成块状，便于运输、储存和机械化投喂。优点是增加了饲草密度、减少储存空间；缺点是需要额外的加工设备，成本较高。

②化学法。氨化处理：以氨水或尿素为氮源处理秸秆，增强饲草粗蛋白质含量和可消化性。优点是可显著提升营养水平，改善适口性；缺点是操作需专业性，氨具有毒性，需密封处理。

碱化处理：使用 NaOH、Na_2CO_3、NH_3、Ca（OH）$_2$ 等碱液破坏植物细胞壁结构，提高消化率。优点是方法成熟，成本适中；缺点是需精确控制用量，避免碱中毒风险。

③生物法。青贮：利用乳酸菌发酵将新鲜饲草转化为酸性青贮饲料。要求饲草切至2~3 cm，控制水分在60%~70%，密封发酵45~60 d。优点是营养保存好、适口性强；缺点是密封要求高，易霉变。

微贮：添加特定菌剂进行生物发酵处理（如红薯秧），每吨饲草添加1~2 kg菌剂，发酵30 d左右。优点是温和安全，提高营养价值；缺点是菌剂成本略高，发酵条件需控制。

饲草加工调制技术丰富，各方法需根据饲草类型、牛只营养需求、季节和设备条件等因素综合选用。科学合理的加工调制不仅能提升饲草利用率，更是肉牛高效养殖、降本增效的重要手段。

15. 青贮饲料的制作过程是怎样的？

青贮饲料是利用青绿饲草在适宜时期收获后，通过厌氧发酵方式进行保存的一种高效饲料形式。其主要目的是解决冬季或干旱季节青绿饲草供应不足的问题，从而为牛群提供稳定、优质的能量和蛋白质来源。青贮饲料不仅营养丰富、适口性好、易于消化，而且能有效提升饲料资源的利用率。

（1）优缺点

①优点：可以保留新鲜饲草的营养价值，尤其是维生素和可溶性糖含量；酸性发酵环境抑制霉菌及其他有害微生物，便于长期保存；适口性强、消化率高，利于提高牛只生产性能。

②缺点：对密封性要求较高，如操作不当易造成腐败变质；初期投资较大，需配备青贮窖或青贮袋等设施；由于饲料含水率较高，运输与饲喂过程中需防止霉变与二次发酵。

（2）制作过程

①收割：选择适宜时期收割牧草是青贮成功的关键。一般在抽穗至初花期收割，此时营养最丰富，适口性最佳。玉米在吐丝至蜡熟期收割，糖分含量高；苜蓿在初花期收割，蛋白质含量较高。此外，收割时应注意避免夹杂泥土、石块和其他杂质，以防发酵失败。

②切割：将收割后的饲草切割为2~3 cm小段，有助于压实和促进发酵。质地较硬的秸秆（如玉米秸秆）推荐切割至1.5~2.0 cm，水分含量较高的饲草（如青草）可适当切短，茎秆粗大的饲草建议切碎更细，利于乳酸菌发酵。

③水分调节：青贮原料含水率应控制在65%~70%，过高易渗水腐败，过低则不利于压实；含水率过高可掺混干草、麦麸等吸水性物质，含水率过低可喷洒适量清水调整。

④装填和压实：将处理后的饲草分层装填入青贮设施中，每层15~20 cm，并及时压实。可使用人工或机械压实，主要目的是排除空气，形成厌氧环境，推荐青贮窖中饲草密度应达600~800 kg/m³；压实能够有效降低空气含量，促进厌氧发酵。

⑤密封：使用厚度≥0.1 mm的塑料薄膜或专用青贮膜严密封闭，边缘用泥土、沙袋等压紧，防止空气渗入。密封破损区域应及时修补，密封质量直接影响发酵效果和保存时间。

⑥发酵：封闭后，原料中的乳酸菌在厌氧环境中繁殖，产生乳酸，使 pH 降低至4.0~4.5，从而抑制腐败菌生长。发酵期通常需30~45 d，温度建议维持在15~30℃。每吨原料添加适量乳酸菌制剂，以提高发酵效率与成功率。

⑦取用和储存：发酵完成后应逐步取用，每次取用后应及时封口，防止空气进入。取用应该从一侧逐层切取，减少暴露面积；密封良好的青贮可保存3~6个月，或更久，但应定期检查青贮质量，发现发霉、发黑或有异味的部分应及时剔除。

此外，青贮装填时应预留约10 cm空间，便于密封和管理。严禁饲喂已经霉变、腐败的青贮饲料，以防引发牛群中毒或消化道疾病。按照上述流程制作的青贮饲料，不仅能保障肉牛在饲草短缺季节的营养需求，还能显著提升养殖的经济效益与饲料利用效率。

16. 如何判断青贮饲料的发酵质量？

（1）青贮质量判断的意义　青贮饲料的发酵质量直接影响牛的采食量、健康水平和生产性能。优质青贮不仅能提高饲料利用效率，还可避免因发霉变质导致的营养损失或动物中毒。因此，及时判断和监控青贮质量具有重要意义。

（2）判断青贮饲料发酵质量的几个标准

①气味。优质青贮饲料应有酸香的发酵气味，类似酸奶的气味；若青贮饲料有腐臭、霉味或氨味，则表示发酵不良或密封不严。

②颜色。发酵良好的青贮饲料一般呈现青绿色或黄绿色，说明叶绿素和营养成分保存较好；如果饲料变褐、变黑，表明营养损失较大，或可能霉变。

③质地。优质的青贮饲料应湿润但不过于潮湿，手握不会渗出水；若饲料太干或水分太多，则可能在制作过程中密封不当或发酵不充分。

④ pH。优良青贮饲料 pH 在4.0以下，良好青贮 pH 在4.1~4.3，一般青贮饲料 pH 在4.4~5.0，劣质青贮饲料 pH 通常高于5.0。较低的 pH 表明乳酸菌发酵产生了足够的酸度，能够抑制腐败菌生长；而过高的 pH 可能意味着发酵不良，影响青贮质量。

⑤乳酸菌含量。可通过化验确定乳酸菌含量，合格的青贮饲料乳酸菌含量应较高，能够保持酸性环境，防止有害菌生长。

表2-1　青贮饲料的感官评分标准

气味	得分	颜色	得分	质地	得分
具有芳香、弱酸味或苹果香味	4分	呈青绿色	3分	质地柔软，略带湿润，叶脉明显，结构完整	2分
香味较淡，具有强烈的醋酸味	3分	呈黄绿色、暗绿色或褐色	2分	柔软，稍干或水分稍多	1分
有腐烂味，浓厚的丁酸臭味	1~2分	呈黑色或墨绿色	1分	质地松散干燥或黏结成块，有腐烂	0分

注：优质8~9分，中等5~7分；劣质4分及以下。

通过气味、颜色、质地、pH和乳酸菌含量等多方面检测，可以全面评估青贮饲料的发酵质量。在实际生产中，可以通过简单的感官检测，配合必要的化学检测，确保青贮饲料的质量符合牛的营养需求。

17. 如何储存和保管干草以避免发霉和变质？

（1）干草储存的重要性　干草是肉牛养殖中常用的粗饲料，若在储存过程中受潮发霉，不仅导致营养成分损失、适口性下降，严重时还可能引发肉牛中毒或消化紊乱。因此，科学储存是确保饲料安全和提高养殖效益的重要环节。

（2）干草储存与保管的关键措施

①选择干燥、通风的储存地点。储存地点应干燥、通风、避雨避晒，如有顶棚的仓库、通风棚舍等。保持良好空气流通，防止湿气积聚。

②使用托盘或垫层。使用托盘、垫木、塑料布等垫层，使干草离地10~15 cm，防止地面水汽渗入。不建议直接堆放在泥土地或水泥地面上。

③分层堆放，合理高度。堆高不宜超过2 m，防止压实后发热变质。可采取"金字塔"形或"井"字形分层堆放，利于空气对流。

④防鼠防虫。仓库周围放置鼠药、诱饵盒；堆草区定期喷洒低毒杀虫剂。保持周边环境清洁，避免吸引害虫、鼠类。

⑤定期检查。干草储存期间应定期检查，特别是在雨季或高湿环境下，须每周检查1~2次。如发现发霉变色、温度升高或异味，应及时剔除变质部分，改善通风与干燥措施。可以使用温湿度计实时监测仓库环境，或在干草中插入温度探针检测堆芯温度，若超过40 ℃应引起警惕。

18. 秸秆类副产物菌酶联合发酵处理技术要点是什么？

（1）原料准备 将玉米秸、麦秸、豆秸等干秸秆铡短至2~4 cm，提高与微生物和酶的接触效率。用清水调节原料水分至65%~70%（手握成团，指缝见水不滴水）。每装30~50 cm 厚加入饲料菌酶添加剂。

（2）处理方法　将上述纤维素酶与乳酸菌混合形成的复合菌酶用80~100 kg清水进行稀释，均匀喷洒在秸秆层。用人力或机械逐层压实、排尽空气，减少氧气残留。若使用青贮窖，应高出窖口50~60 cm，再覆盖塑料薄膜，覆土压实，确保密封性。（见表2-2）

表2-2　纤维素酶和乳酸菌在青贮料中的建议添加量

添加剂	添加量	使用方法
纤维素酶	每吨秸秆 1.5 kg	与玉米面（20 kg）或麸皮（30 kg）预混合
乳酸菌	每吨 25 g	先溶于 10% 白糖水（200 ml），制成复活菌剂

（3）发酵时间　常温下发酵7~10 d即可饲喂。若需长时间保存，必须保持窖体或袋装的密封完整性。联合使用乳酸菌与纤维素酶，能显著提高秸秆的消化率，改善饲料适口性，是提升粗饲料利用效率的有效方式。

19. 黄花菜的茎叶能做饲料用吗？其利用技术是什么？

黄花菜产业在宁夏中部干旱带如盐池县、同心县等地快速发展，采花后会产生大量茎叶副产物。研究表明，黄花菜茎叶经青贮处理后可作为优质粗饲料资源，具备较高的营养价值和利用潜力。其青贮后主要营养成分：粗蛋白7.38%、干物质31.70%、粗灰分13.10%、粗脂肪2.34%、粗纤维40.40%、中性洗涤纤维57.50%、酸性洗涤纤维54.20%、钙1.32%、磷0.12%。

黄花菜茎叶青贮利用技术主要环节如下。

①青贮时间。建议在秋季"白露"节气后进行青贮，原料成熟、品质稳定。

②原料。选择干净、无泥土和其他杂质的黄花菜茎叶，用铡草机铡短至1~2 cm，控制含水率在60%~70%。

③青贮调制要点。六快原则：快割、快运、快铡、快装、快压、快封，减少营养流失与污染风险。装填时应层层压实、排除空气，密封性良好。

④建议饲喂量。一般青贮发酵35~45 d即可启用。在育肥牛日粮中可替代20%~40%的全株玉米青贮进行饲喂，具有良好的适口性和饲养效果。

20. 黄芪、黄芩等中草药副产物能作为饲草喂肉牛吗？其主要利用技术是什么？

黄芪、黄芩为常用中药材，其药用部位为根部，采收后常产生大量茎秆、枝叶等副产物。研究表明，这些副产物含有一定量的粗蛋白、粗纤维以及黄芪多糖、黄芩苷等药理成分，具有一定的营养价值和保健作用，是值得开发的植物性饲料资源。其主要营养成分见表2-3。

表2-3　黄芪、黄芩等中草药副产物营养成分

单位：%

种类	粗蛋白	粗纤维	中性洗涤纤维	酸性洗涤纤维	粗灰分	粗脂肪
黄芪秸秆	14.95	25.80	41.50	34.50	13.50	1.71

种类	粗蛋白	粗纤维	中性洗涤纤维	酸性洗涤纤维	粗灰分	粗脂肪
黄芩茎叶	7.63	46.10	59.17	47.89	6.40	0.57

虽然发酵处理可改善适口性，但部分药理成分会下降，故建议直接粉碎后添加使用以保留活性成分。建议将黄芪秸秆、黄芩茎叶晒干后粉碎，可与精料混合后直接饲喂。对育肥牛，可作为功能性粗饲料或添加型饲料使用，建议日粮中添加量不超过1.0 kg/（头·d^{-1}），饲喂前建议小规模试用，以便观察采食与生长反应。

21. 玉米芯加工利用技术方法主要有哪些？

（1）物理处理　饲喂前将玉米芯通过粉碎机处理成粒径约0.3 cm的小颗粒后，使用清水浸泡约12 h，使其水分含量控制在55%~65%，达到软化的目的。随后按比例与其他饲料混合，制成日粮饲喂肉牛。本方法不仅有利于节约饲料成本，而且可以增加牛只胃容积，促进排粪。但需注意，玉米芯不可直接干喂，以避免消化不良。推荐以玉米芯作为主要粗饲料，与麦草、青（黄）贮等搭配，使用前预先浸泡，控制水分含量在55%~65%，添加量为粗饲料（饲喂状态）总量的16%~25%，与精料补充料混匀后饲喂。

（2）加酶发酵处理　选用未腐败的玉米芯粉碎后，加水使其湿润度达到65%~70%（手握略出水但不滴水为宜），逐层压实装入发酵池。湿度不足时可适量补水。按每吨玉米芯添加1.5 kg 纤维素酶（先与玉米面20 kg、麸皮30 kg预混合）和2~5 kg食盐后封池密封发酵。发酵时间夏季一般为2~3 d，冬季约7 d即可启封饲喂。初次使用应由少到多逐步适应，或与其他饲料掺混饲喂。若酸度偏大，应控制饲喂量。肉牛每头每天8~12 kg，犊牛每头每天3~5 kg。

22. 柠条包膜青贮加工利用技术特点是什么？

柠条具有生物量大、粗蛋白含量高、适口性较好等特点，是西北半干旱区开发利用潜力较高的灌木饲草资源。采用打捆包膜青贮技术可显著提高柠条的饲用价值与储存稳定性。主要技术流程如下。

（1）适时收获 柠条生长期分为返青期、开花期、结实期、种子成熟期和枯草期，柠条营养价值因生长阶段不同而不同，依次为开花期>种子成熟期>返青期>结实期>枯草期。因此，建议在开花期至种子成熟期进行机械收获，留茬高度控制在10~15 cm。

（2）揉丝粉碎 可使用专用揉丝粉碎机对柠条进行压扁、破碎和揉搓处理，提升其适口性和消化率。如需添加添加剂（如乳酸菌、纤维素酶等），可在揉丝粉碎后与切短的原料充分混合。推荐添加量为乳酸菌0.25 g/t，纤维素酶100 g/t。

（3）水分调控 通过粉碎揉丝与水分调控，确保柠条原料含水量在60%~70%。

（4）打捆与包膜 将处理后的原料装入打捆机成形，随后使用拉伸膜进行包膜，确保包膜层数达到22圈以上，避免漏气发霉。

（5）堆放与保存　包膜完成后的草捆应堆放于远离火源、光照、鼠害区域，堆放不应超过三层，并防止膜体破损。如有破损，应及时用胶布密封修补。

（6）取用　发酵完成40~50 d即可开启取用。使用时撕开包膜、剪除草捆网绳，按需取料，做到"当天取喂、当天用完"，以保证饲料质量。

23. 适宜于宁夏南部雨养农业区和中部干旱带地区推广种植的抗旱性较好的青贮玉米品种有哪些？

（1）适宜在宁夏中部干旱带地区推广种植的青贮玉米品种包括润丰1602、新引 KXA4574、屯玉168、辰诺501等。这些品种具有良好的抗旱性和较高的草产量，干物质含量均大于30%，适合于高温干旱区推广种植。

（2）适宜在宁夏雨养地区推广种植的青贮玉米品种包括先玉698、辰诺501、金玉3308、衡远 Y4038等。这些品种同样具备抗旱性及生长适应性强的特点，干物质含量大于30%，适用于雨养农业区饲草生产。

24. 春季因干旱错过玉米等作物播种后，适宜补种的饲草种类和品种有哪些？

同心县是宁夏中部干旱带市县之一，春季干旱情况多发，在错过春季播种后，建议根据土壤墒情适时播种甜高粱和高丹草，这些作物具有较强的抗旱性，植株高大、分蘖能力强，产量较高，秋收时能够提供较丰富的饲草产量。

适宜种植的高丹草品种：DV50、杰宝、壮牧9002、百绿7003等；适宜种植的甜高粱品种：F442、SweetBetty、F10、壮牧0018等。

25. 宁夏中南部地区适合青贮玉米间作饲用大豆的品种与常见种植模式有哪些？

为提升饲草多样性与蛋白含量，可采用青贮玉米与饲用大豆间作方式，适合青贮玉米间作饲用大豆的品种主要包括开育12和辽豆15，其生育期较长，属于中晚熟型大豆品种，可以与青贮玉米同种同收。玉米大豆间作模式主要有"2+3"（2行玉米间作3行大豆）、"4+4"（4行玉米间作4行大豆）和"4+3"（4行玉米间作3行大豆）；此类间作模式可有效提升单位面积产草量和饲草品质，增强土地利用效率与生态效益。

26. 如何通过黄贮实现对当地秸秆资源的饲料化利用？

黄贮是一种利用干燥秸秆资源（如玉米秸秆）进行加工保存的技术，通过添加适量水分和发酵菌剂，压实密封保存，有效实现农作物秸秆的饲料化利用。该技术适用于宁夏中南部秸秆资源丰富而水资源有限的地区。

（1）贮料准备　一般推荐玉米籽粒成熟后，尽早收获，并立即将玉米秸秆进行黄贮，避免过度暴晒。最好边收割边储存，尽量避免雨天作业，减少堆积发热及泥沙污染。

（2）设备清理　黄贮前应对原有的贮窖、贮壕进行清理，将贮窖、贮壕中的杂物、污水和剩余的贮料彻底清除，晾干后再贮。

（3）原料切碎　玉米秸秆在黄贮前必须进行切碎，而且要比青贮料短些，秸秆应切至2.0~2.5 cm，利于压实和发酵。切碎机应尽量靠近贮壕，避免原料暴晒。

（4）贮料装填　分段填装、摊平压实，四周预铺塑料薄膜以便密封。装填完毕时，贮料要高出贮壕口50 cm，并尽快完成密封。

（5）添加发酵助剂　为了提高黄贮的质量，可根据原料干湿程度和养分状况选择不同的发酵添加剂，如果贮料过于干燥，含糖量较低，可向贮料中逐层添加0.5%~1.0%玉米面增加可发酵糖源，或添加乳酸菌剂（0.5 g/t）或乳酸发酵液（450 g/t）促进快速发酵，0.5%尿素可提高黄贮玉米秸秆的蛋白质含量。

（6）补加水分　用于黄贮的玉米秸秆比用于青贮的玉米秸秆收割晚，其水分含量较低。因此，黄贮时必须将水分补加到乳酸菌发酵所需的标准，才能使原料中的乳酸菌迅速繁殖。本着先少后多、边装填、边压实、边加水的原则，加水量要根据原料实际水分含量而定，以贮料的总水分含量达到65%~75%为宜。

（7）贮料压实　压实越紧密越好，防止发霉腐败。小型贮窖或贮壕可用人力踩踏压实，大型的贮窖或贮壕可采用人工＋机械结合的方式，利用履带式拖拉机和人工踩踏，尤其注意边角位压实。

（8）密封和覆盖　贮窖或贮壕中原料装满压实后，必须马上进行密封和覆盖。一般先盖一层细草，再用塑料薄膜密封，四周压实泥土，顶层加厚泥土（30~50 cm），呈圆顶形防渗水。

此技术可实现玉米秸秆等农作物副产物的高效利用，缓解饲草短缺、提升秸秆资源利用率、减少焚烧污染，是宁夏推广秸秆饲料化的有效途径。

第三章　母牛带犊营养与饲养技术

一、犊牛篇

27. 新生犊牛如何护理？

（1）清除黏液　新生犊牛离开母体后须立即通过母牛舔舐清除口腔及鼻孔内黏液，也可人工辅助清除，确保呼吸顺畅。如果犊牛呛入胎水，应及时采取措施排出。随后母牛舔舐或者擦净犊牛体表黏液，尤其是冬春季，防止因蒸发而造成体温散失。

（2）断脐带　脐带可以自然扯断，如未断，可在距犊牛腹部10~12 cm处用消毒剪刀剪断脐带，并挤出脐带中的黏液，用5% 碘酊充分消毒，以防感染，每日检查直至脱落。出血时结扎处理。脐带约在犊牛出生后一周内干燥脱落。

（3）饲喂初乳　保证犊牛在出生0.5~1.0 h内饲喂初乳，首次为1~2 kg，但不应超过体重5%，通过感受犊牛胃部充盈情况保证犊牛充分获取初乳，并在出生后6~8 h进行第二次饲喂，一天初乳的饲喂量4~6 L，连续饲喂3 d，从母牛获取免疫因子。初乳需温热至38~40℃饲喂。凡患有结核病、布氏杆菌病、乳腺炎的母牛奶都不能喂犊牛，也不能喂变质的腐败奶。

（4）防寒保暖　犊牛出生后尤其是冬天，可能感觉到寒冷，无法站立。所以要及时为犊牛提供温暖、干燥的场所。犊牛初生后应帮助犊牛站稳，初生犊牛最好饲喂在垫有干净、柔软垫草的犊牛栏内，保持栏内干燥、清洁卫生，并控制好舍内温度，寒冷时使用加热灯将温度维持在15~25 ℃。同时要防止风直接吹到小牛身上。母牛尽快舔舐小牛，有助于刺激犊牛腿肌肉的运动帮助站立。如初产母牛不舔舐犊牛，可在母牛鼻子上涂上羊水刺激母牛的母亲本能，或者将饲料撒在犊牛背上，让母牛舔舐，给母牛和犊牛足够的空间，尽量不要打扰。

（5）若出生后的犊牛体况虚弱、环境较差或者母乳缺乏等原因无法通过自主吮吸母乳来获得初乳，则需要通过人工饲喂初乳，帮助犊牛建立自由采食习惯。饲喂工具每日煮沸消毒，避免细菌性腹泻。

（6）健康监测与应急处理　每日多次观察犊牛的精神状态，测量体温、心跳和呼吸，观察粪便，发现异常（如腹泻）时立即隔离并治疗。

（7）母牛产后护理　母牛产后可饮用钙制剂及温水麸皮汤，促进子宫恢复与泌乳。初产母牛可涂抹犊牛羊水于其鼻部，诱导母性行为。

28. 哺乳期犊牛饲养技术有哪些？

（1）初乳期犊牛的饲养管理　新生犊牛期的饲养方法大致有两种：一种是出生后的犊牛立即与母牛分开人工哺喂初乳；另一种是犊牛出生后留在母牛身边（隔栏内）共同生活3~4 d，自行吸食母乳。前者用的人力多些，犊牛的初乳量能人为控制。

母子分开饲养，便于对母牛进行管理，同时便于对犊牛状况进行观察。人工哺喂初乳的量一般是犊牛出生重的1/10。第1次喂给2 kg（要参照犊牛出生重的大小与其生活力的情况，灵活掌握）。以后每天3次，每次1.5 kg为准，一般喂到第5天。

（2）常乳期犊牛的饲养管理　犊牛出生第5天后从哺乳初乳阶段转入常乳阶段，牛也从隔栏放入小圈内群饲，每群10~15只。哺乳牛的常乳期为60~90 d（不包括初乳阶段），哺乳量一般为300~500 kg，日喂奶2~3次，每日喂量为犊牛体重的8%~12%。随着日龄的增长，喂奶量逐渐减少，并进行早期补饲。可尽早补饲精粗饲料，并供给充足的饮水。若小犊不会吸吮牛奶，可以人工哺乳，先用带奶嘴的奶壶喂奶，当小犊牛长3~4周龄再改用奶桶喂奶。若在母乳饲喂不够或母牛体况不佳情况下，可饲喂代乳粉，但从喂初乳或牛乳切换为代乳粉时需要有3~4 d过渡期，代乳粉与牛奶比例可由1∶3逐渐增加至全替换，帮助犊牛逐渐适应减少因胃肠道应激而引起腹泻。

（3）犊牛断奶　可以分为常规断奶和早期断奶。常规断奶：一般犊牛长到3个月左右，即可断奶；断奶期是犊牛从以哺乳为主，逐渐转到全部采食精饲料和饲草的过渡时期；在断奶前半个月，要开始逐渐增加精、粗饲料喂量，减少牛奶喂量。早期断奶一般犊牛长到2个月左右即断奶。

（4）提供清洁水源　犊牛跟随母亲进行自然哺乳时，应该为犊牛单独提供干净、新鲜、卫生、充足的饮水，并保证每4~5 d对水槽进行清理。夏季水温≤25 ℃，冬季≥15 ℃。

（5）环境监控　哺乳期犊牛舍温度15~25 ℃，湿度60%~70%。

29. 犊牛如何补饲？

（1）补开食料　犊牛出生一周即可训练采食开食料，喂完奶后少量开食料涂抹在其鼻镜和嘴唇上，或在奶桶上撒少许开食料任其舔食，逐渐适应后，再将其投放在食槽内自由采食。断奶后逐渐向普通犊牛料过渡。1月龄时日采食犊牛开食料250~300 g，2月龄时500~700 g，3月龄时1.5 kg以上。

（2）饲喂干草和青绿多汁饲料　当犊牛出生2周后，开始在食槽中放入优质青干草如苜蓿青干草，训练自由采食。青绿多汁饲料如胡萝卜、甜菜等，犊牛在20日龄时开始训练采食，以促进消化器官的发育。每天先喂10~20 g，到2月龄时可增加到1.0~1.5 kg。青贮料可在2月龄开始饲喂，每天100~150 g，之后逐渐增加，3月龄时1.5~2.0 kg。

（3）隔栏补饲　在母牛舍内加设犊牛自由出入的犊牛栏，内置犊牛用的开食料或颗粒料及铡短切碎的优质粗饲料（如紫花苜蓿、燕麦草等），训练犊牛自由采食，促进瘤胃网胃发育，能提高犊牛增重速度。经过隔栏补饲，60日龄的犊牛体重可达到65 kg以上，精饲料的日采食量可达到0.7 kg左右，继续到90日龄，体重可达到80~90 kg，日采食量1.0~1.5 kg。

建议每周监测采食量，每2周进行体重称量。出现腹泻时应暂停补饲，待恢复后按原剂量50%逐步恢复。

30. 如何配制断奶犊牛精料配方？

玉米50%、麦麸12%、豆粕30%、犊牛专用预混料5%、碳酸钙1%、磷酸氢钙1%、食盐1%。这个精料配方适用于断奶犊牛到骨架基本长成，此时犊牛生长发育需要较多的蛋白质和钙，一定要注意豆粕及磷酸氢钙的用量。

31. 犊牛断奶程序有哪些?

（1）补饲犊牛开食料，逐渐减少哺乳量。当犊牛在3~4月龄时，能采食0.75~1.00 kg 开食料，即可断奶；若犊牛体质较弱，可适当延长哺乳时间。哺乳后期精料用量控制在日粮的20%~40%。

（2）犊牛断奶后原地过渡饲养7 d，以减少转群应激。然后转入专门的过渡圈饲养15 d，给其提供开食颗粒料和优质燕麦干草或苜蓿干草自由采食，保证洁净饮水。

（3）断奶犊牛按月龄分群饲养，开食料2.0~2.5 kg，燕麦干草或苜蓿干草自由采食，保证洁净饮水。不宜过早饲喂全株玉米青贮。

（4）断奶过程应该逐渐进行，并保证畜舍通风和卫生状况良好，防止畜舍地面过滑，并保证足够的活动空间。

32. 犊牛断奶方法有哪些?

犊牛断奶可分为一次性断奶和逐渐断奶两种，一次性断奶因对犊牛应激较大，适宜5~6月龄以上的较大犊牛，而3~4月龄犊牛建议选择逐渐断奶。

将需要断奶的牛犊与母牛隔栏分开，最好可以隔栏相见，每天3次将牛犊放入母牛栏进行哺乳，每次哺乳时间以1~2 h 为宜，而后每隔2~3 d 减少一次哺乳。当哺乳次数减少至每天1次时，可再逐渐减少每次哺乳时间，一般3~5 d 便可以让牛犊停止哺乳。逐渐断奶期间一定要逐渐增加精料、草料喂量，为牛犊提供充足的营养，同时需要喂一些活菌制剂和电解多维，以增强牛犊的消化能力和抗应激能力。

33. 犊牛断奶成功的标志是什么？

（1）断奶时犊牛体重达到初生重的2倍；

（2）体高较出生时增加10~13 cm；

（3）断奶时开食料采食量达到1.5 kg，且持续2~3 d；

（4）犊牛死亡率小于5%，发病率小于10%。

34. 犊牛成活率低有哪些原因？

（1）母牛因素　妊娠期和哺乳期母牛饲养管理不到位，会造成母牛体况下降，影响胎儿的生长发育，而使产后母牛泌乳量不足，不能为哺乳期犊牛提供充足的乳汁，使犊牛体质下降、生长发育受阻、健康水平较低、成活率降低；对母牛的管理不当，如母牛在妊娠期缺乏运动，加上饲养环境不良、饮水不足等会造成母牛发生难产，而母牛难产是引起犊牛死亡的主要原因；当母牛发生难产时，如果胎儿长时间不能产出，还会造成犊牛肢体拉伤、脱臼等降低犊牛成活率。另外，分娩母牛的年龄过大、身体虚弱、生产性能下降、产后无奶等，就会增加死胎、弱胎、难产发生的概率，从而使犊牛的成活率不高。

（2）犊牛因素　犊牛出生后护理不当、饲养管理不善，初生环境不良，均会引起初生犊牛身体机能较差，发生多种疾病，如患感冒、便秘、腹泻、脐炎等，容易造成犊牛体质较弱或犊牛死亡，弱小犊牛生长中难以抵抗环境和营养应激也会引起死亡。初乳对犊牛非常重要，因犊牛只能通过吃初乳来获得被动免疫，如果犊牛在出生后不能及时吃上初乳，则抗病能力较差，极易感染疾病而发生死亡。犊牛生长发育迅速，代谢较旺盛，对营养物质的需求量也在不断地增加，如果营养供给不足，会造成犊牛营养不良，出现生长发育缓慢，体质较差，对环境适应能力和抗病能力较差，最终可能导致犊牛死亡。另外，对犊牛的饲喂不合理，如不定时、不定量、不定温饲喂常乳或代乳粉，卫生条件较差，消毒不彻底等，易造成犊牛发生腹泻等疾病，使成活率降低。

35. 犊牛腹泻的原因及如何预防？

（1）饮食不当　犊牛的消化系统比较娇嫩，如果饮食不当，容易引起腹泻。比如，突然更换饲料、过量饲喂、喂食不当的奶粉以及病母牛牛奶等。

（2）环境不卫生　犊牛生活的环境卫生状况也会影响其健康状况。如果犊牛生活的环境不卫生，容易感染细菌和病毒，引起腹泻。

（3）疾病感染　犊牛腹泻还可能是由于感染疾病引起的。比如，肠道病毒、细菌感染等。

治疗与预防方法：腹泻导致犊牛死亡的机理相同，主要包括脱水、酸中毒、电解质失衡及内毒素中毒。因此，治疗犊牛腹泻的关键在于补液。病牛应置于温暖干燥的环境中，并通过口服或静脉途径给予补液。对于轻度腹泻的犊牛，通常采用口服电解质补液的方法；而对于严重腹泻、精神沉郁甚至昏厥的病例，则需通过静脉途径给予5%的葡萄糖和生理盐水各1 000 ml，以及NaHCO₃溶液200 ml进行补液治疗。同时注意犊牛圈舍的通风、清洁和消毒工作。

犊牛腹泻若为营养性腹泻，则需要减少换料应激、调整饲喂奶粉或者隔绝吮吸病母牛牛奶。

若引起传染性犊牛腹泻为病原体，需根据感染原因区别。大肠杆菌引起的腹泻肌内注射阿莫西林或磺胺类药物；沙门菌引起的腹泻尽早用抗生素治疗，口服或静脉注射非甾体类抗炎药；魏氏梭菌引起的腹泻发病初期可用青霉素治疗，同时口服或静脉注射非甾体类抗炎药，病重犊牛可静脉注射150 ml高渗葡萄糖溶液，然后口服补液盐或大量饮水，促进毒素排泄。牛球虫病多使用磺胺二甲基嘧啶钠或氨丙啉口服治疗；隐孢子虫有效药为常山酮。病毒性腹泻有效预防措施是接种疫苗。寄生虫性腹泻需要用抗寄生虫药物治疗，抗生素治疗无效。细菌性腹泻中，沙门菌和魏氏梭菌引起的腹泻，用抗生素治疗可能会导致大量菌体死亡，释放大量毒素，导致毒血症，甚至死亡；细菌性腹泻可用的抗生素包括青霉素类药物、喹诺酮类药物、头孢类药物。但长期口服抗生素会导致犊牛胃肠道菌群失调，延长腹泻时间，注射抗生素治疗效果优于口服。

36. 犊牛饲喂时"四看"是什么？

（1）一看食槽　犊牛没吃净食槽内的饲料就抬头慢慢走开，这说明给犊牛喂料过多，如果食槽底和壁上只留下料渣，说明喂料量适中；如果食槽内被舔得干干净净，说明喂料量不足。

（2）二看粪便 犊牛所排粪便日渐增多，粪便比纯吃奶时稍稀，说明喂料量正常。随着喂料量的增加，犊牛排粪时间形成新的规律，多在每天早晚喂料前后排粪。如果犊牛排出的粪便形成如粥，说明喂料量过多；如果排出的粪便像水一样稀，并且臀部沾有湿粪，说明喂料量太多或水太凉。这时，只要停喂2次，然后在饲料中添加粉状玉米、麸皮等，拉稀即可停止。

（3）三看食相 固定饲喂时间，10多天后犊牛就可形成条件反射，以后每天一到饲喂时间，犊牛就跑过来寻食，说明喂量正常；如果犊牛食槽吃净，在饲槽周围徘徊，不肯离去，说明喂料量不足；如果喂料时，犊牛不愿到槽前，说明上次喂料过多或可能患疾病。

（4）四看肚腹 饲喂时，如果犊牛腹线很明显，不肯到饲槽前采食，说明犊牛可能受凉感冒，或是患了伤食症；如果犊牛腹线很明显，食欲反应也很强烈，但到饲槽前只是闻闻，一会儿走开，说明饲料变换太快不适口，或料水湿度过高或过低；如果犊牛肚腹膨大，不吃料，说明上次吃料过多。

37. 犊牛各阶段的管理有哪些要点？

（1）哺乳期

①做到"五定"：定质、定时、定量、定温、定人。

②做到"四勤"：勤打扫、勤换垫草、勤观察、勤消毒。

（2）断奶犊牛（断奶至6月龄）

①提供足量开食料和优质苜蓿干草自由采食，自由饮水。6

月龄前禁止饲喂青贮等发酵饲料。

②保证充足新鲜洁净饮水。

③保持圈舍卫生，通风干燥，定期消毒，预防疾病。

④尽可能减少断奶、日粮变化和环境等因素造成的不良应激。

二、繁殖母牛篇

38. "一母育双犊"的概念是什么？其主要饲养方法和特点有哪些?

顾名思义，母牛一般是每胎产一个犊牛，奶公犊饲养具有牛源集中、价格低的优势，而利用肉母牛产后因奶水充足而多代育一头奶公犊，实现繁殖母牛繁殖效率和养殖效益倍增的作用。其饲养技术主要方法如下。

（1）人工代乳粉饲喂方法　代育奶公犊，在肉母牛代育10~90日龄时需要额外人工哺乳代乳粉。代乳粉用法：代乳粉用50~60 ℃的温水按1：7比例混合，即1.0 kg的代乳粉加7 L水或125 g代乳粉加875 ml水进行稀释，充分搅拌均匀，然后加入凉开水将奶温调至40~42 ℃立即饲喂，每日定时定量饲喂（日喂2次，分别于7：00、16：00），饲喂后将奶瓶清洗消毒，用毛巾将犊牛口部擦干净，具体饲喂方法见表3-1。

表 3-1　代育奶公犊饲喂方法

日龄	哺乳次数（时间）	单次饲喂量 /kg	饲喂天数 /d
10-30 日龄	每日 2 次（早、晚）	1.0	20
30-60 日龄	每日 2 次（早、晚）	2.0	30
60-90 日龄	每日 1 次（晚）	2.0	30

（2）犊牛早期补饲　犊牛出生15日龄后，每天定时哺乳后关入犊牛栏，与母牛分开一段时间，采用犊牛开食料和优质苜蓿干草的饲养模式，训练犊牛自由采食，逐步延长母牛与犊牛分离时间，促进瘤网胃发育，有助于减轻断奶应激反应，降低犊牛腹泻等消化道疾病的发病率，提高犊牛成活率、增重速度和养殖效益。

39. 后备母牛饲喂技术要点有哪些?

核心：一是尽量使用青粗饲料；二是控制母牛增重过快、过低，13~14月龄达到成年体重的70%~75%，适宜日增重为0.6~0.8 kg。

（1）断乳母犊的培育

①对3~4月龄的母牛犊（体重不低于110 kg）适时断乳。

②断乳母犊有充足粗饲料的同时，补充营养平衡的精料，使日增重保持在0.8~1.5 kg。

③认真做好断乳母牛犊的疫苗免疫和体内外寄生虫的防治。

（2）育成期的营养　刚断奶育成期母牛的瘤胃发育尚未完

全，粗饲料里要搭配优质青干草。风吹草枯的季节，营养不能满足需求，这时还要补充一定量的混合精料。其日粮组成见表3-2。

表 3-2　育成母牛日粮建议配方

单位：%

玉米	麸皮	棉籽饼	豆粕	食盐	小苏打	5% 预混料
65	10	8	10	1	1	5

6~12月龄

①母牛性成熟期，是生长最快的时期，性器官和第二性征的发育也很快，体躯在高度和长度方面急剧生长。

②瘤胃已具有了相当的容积和消化粗饲料的能力。

③消化器官也处于强烈的生长发育阶段。

④一般日粮中干物质的75%来源于优良的牧草、青干草、青贮料和多汁饲料外，还必须补充25%的混合精料。

⑤从9~10月龄开始，可饲喂一些秸秆和干草类粗饲料，其比例占粗料总量的30%~40%。其日粮组成见表3-3。

表 3-3　育成母牛日粮建议配方

育成母牛阶段	粗饲料	精饲料
	粗饲料日饲喂量	精料组成日饲喂量
6~12月龄	秸秆 3~4 kg（或青干草 0.5~2.0 kg，玉米青贮 8~10 kg）	（玉米 50%、麸皮 14%、豆粕 20%、胡麻饼 10%、食盐 1%、预混料 5%）2.0~2.5 kg

13~18月龄

①13~14月龄时体重可达成年母牛体重的70%~75%，生长强度逐渐递减，无妊娠负担，更无产奶负担。

②日粮中粗饲料和多汁饲料为的比例约占日粮总量的75%，其余占25%为配合饲料，用于补充能量和蛋白质的需求，这样不仅能满足营养需要，而且还能促进消化器官的进一步生长发育。

③日粮配方为混合料。其日粮组成见表3-4。

表 3-4　育成母牛日粮建议配方

育成母牛阶段	粗饲料	精饲料
	粗饲料日饲喂量	精料组成日饲喂量
13~18月龄	秸秆 5~6 kg（或青干草 1.5~3.5 kg，玉米青贮 10~15 kg）	（玉米 60%、麸皮 15%、豆粕 8%、棉粕 10%、碳酸氢钙 1%、食盐 1%、预混料 5%）2.0~2.5 kg

19~24月龄

①母牛已配种受胎。

②以优质干草、青干草、青贮料作为基本饲料，精料可以少喂甚至不喂。

③妊娠后期，由于体内胎儿生长迅速，则需补充精料，建议日饲喂量为2~3 kg。其日粮组成见表3-5。

表 3-5　精料基础日粮配方

单位：%

玉米	麸皮	棉籽饼	豆粕	食盐	小苏打	5% 预混料	碳酸氢钙
65	10	12	5	1	1	5	1

40. 母牛围产期饲养管理技术主要包括哪些？

（1）围产期的概念　围产期指分娩前后各15 d，分娩后 15 d 内也叫泌乳初期或产后恢复期。加强围产期的饲养管理，对增进临产前的母牛、分娩后的母牛及新生犊牛健康极为重要。围产期分为围产前期、接产和围产后期（产后复原期）。

（2）围产前期饲养管理　围产前期是指妊娠38~39周（266~280 d），即分娩前2周，此时胎儿已经发育成熟，母牛腹围粗大，面临着分娩。围产后期为产后2周，母牛体质较弱生理机能差，饲养上应以恢复体质为主。对临产母牛应准备产房，在地面铺上柔软垫草，1牛1栏；母牛应在临产前1~2周进入产房，单栏饲喂并可让牛自由运动；减少精料饲喂量，尽量使用优质青干草。产前4~7 d，减少日粮中食盐添加量，严禁饲喂小苏打等缓冲剂和多汁类饲料；产前2~3 d，加大精料中麸皮和青干草用量，以防便秘。针对母牛分娩前1~2 d食欲下降的情况，要提供适口性好的优质粗饲料，日粮干物质摄入量应为母牛体重的2.5%~3.0%，精料每日饲喂量不宜超过体重的1%，日粮需额外补充维生素 A、D 及微量元素。在胎衣不下较多的牛群，产前20 d 可注射硒 - 维生素 E 制剂，有良好预防效果。

①接产　产房要保持安静，接产前对母牛尾部及后躯用
0.1%的高锰酸钾溶液清洗消毒。确保母牛自然分娩，如初产母
牛、胎位异常及分娩过程较长的母牛要及时进行助产，以缩短
分娩过程并保证胎儿的成活。母牛产后及时饮温麸皮粥及盐水，
在产后及时观察母牛产道有无损伤和出血，12 h内观察胎衣脱
落情况，发现异常及时请兽医处理。

②分娩预兆与助产　母牛分娩的主要征兆：阴唇在分娩前1
周开始逐渐松弛、肿大、充血，阴唇表面皱纹逐渐展开；在分娩
前1~2 d阴门有透明黏液流出；分娩前1~2周骨盆韧带开始软化，
产前12~36 h荐骨韧带后缘变得非常松软，尾根两侧凹陷；临产
前母牛表现不安，常回顾腹部，身躯摇摆，排粪尿次数增多，每
次排出量少，食欲减少或停止。产犊是一种正常生理过程，一般
不会发生难产，但初产牛和用大型肉牛所配的牛难产可能性较大，
应该助产，助产的原则是尽力保全母牛和犊牛，不得已舍子保母，
还要注意避免产道感染和损伤，保护母牛正常繁殖力。助产时母
牛如能站立应采取站立保定，呈头低后高，如不能站立，采取左
侧卧，垫高后躯。

③分娩的过程　分娩过程是从子宫阵缩开始，到胎儿、胎
衣排出为止，可人为地分为三个阶段：开口期、胎儿产出期和
胎衣排出期。

开口期：从子宫有规律地出现阵缩开始，直到子宫颈口完
全开张、与阴道之间的界限消失为止。这一期的特点是仅有阵
缩而无努责。经产母牛较安静，等待分娩。初产母牛则食欲减
退、起卧不安、举尾徘徊、频频排尿。在开口期的初期，子宫

阵缩较弱，约每15 min 出现1次，持续15~30 s，随后收缩频率、强度和持续时间不断加强，使胎儿的姿势由屈曲变为伸直，使胎水和胎儿前置部分向子宫颈方向移动，并逐渐使胎儿的前置部分进入子宫颈管和阴道。在开口期末，牛有时有胎膜囊露出阴门外。

胎儿产出期：这一时期，子宫阵缩、母体努责共同发生，其中努责是排出胎儿的主要力量。在这一时期，母牛表现极度不安，起卧频繁，前蹄刨地，后肢踢腹，常回顾腹部，弓背努责，继而卧下。当胎儿前置部分通过骨盆和出口时，产畜努责的强度和频率达到极点。母牛呼吸脉搏加快，达到80~130次 /min。在产出期中，胎儿的最宽部分的排出需要较长时间，特别是头部。正生胎向时，当胎头露出阴门外之后，母牛稍微休息，阵缩和努责稍缓和，继而将胎儿其他部分迅速排出，仅胎衣仍留在子宫内。此时不再努责，休息片刻后，母牛就能站起来照顾新生犊牛。胎儿产出期3~4 h，胎衣排出期2~8 h，最多12 h。

胎衣排出期：胎儿排出后，产畜即安静下来。儿分钟后，子宫再次开始轻微的阵缩和努责而使胎衣排出。这个阶段阵缩的特点是持续时间较长，每次100~130 s，间隔也长，每次1~2 min。

④分娩前后的护理：产前半个月，最好将母牛移入产房，由专人饲养和看护，发现临产征兆，推算分娩时间，准备接产工作。临产前要清洗母牛外阴部，并用消毒药水擦洗。当胎儿前肢部分进入产道时，要及时检查胎儿与母体的关系是否正常，及时调整异常的胎儿胎位、胎势、胎向等，如果正常，一般可自然产出。胎儿头部或唇部露出阴门时，如上面盖有羊膜尚未破裂，应及时

撕破羊膜，擦净胎儿鼻孔内的黏液，以利呼吸，防止窒息。若在分娩时羊水已流出，而胎儿尚未排出，产畜的阵缩和努责又微弱时，助产人员应及时抓住胎头和两前肢的腕部，随着产畜的努责顺势拉出，避免胎儿由于脐带被挤压，供氧中断而窒息。分娩停止后，应检查胎儿是否全部产出，并注意观察胎衣排出情况，产畜排出的胎衣应及时拿走。分娩后应立即给母牛饮温麸皮汤。一般用温水10 kg加麸皮0.5 kg，食盐50 g，碳酸钙50 g，搅拌均匀饲喂；有条件饮红糖益母汤（益母草250 g，水1 500 ml，煎好后加红糖1 000 g，再加水10 kg），35 ℃饮服或灌服。

（3）围产后期（产后复原期）饲养管理　围产后期母牛体质较弱生理机能差，饲养上应以恢复体质为主，应给予温热麸皮盐钙汤10~15 kg（水温36~38 ℃，麦麸1 kg，食盐100 g，碳酸钙100 g，益母膏250 g，红糖1 kg），可多次供给，以防子宫脱出，供给优质青干草让母牛自由采食，补给少量配合饲料，此期精料最高用量不要超过2 kg。产后母牛开始泌乳，各器官功能变化十分剧烈，所以产后头几天应加强护理，以防止产后疾病的发生。一般产后4~5 d即可逐渐增加精料、多汁料及青贮饲料，精料增量每天以0.5~1.0 kg为限，至产后10 d，精料量可达3~4 kg，如有条件可增加青贮等多汁饲料饲喂量。

在正常情况下，产后7 d常乳分泌量大量增加，营养需要明显增加，日粮营养以干草为主，逐渐增加青贮饲料，至产后15 d青贮饲料可增加到每天每头10~15 kg，干草1~2 kg，精饲料3.0~3.5 kg，但喂量不得超过日粮干物质的48%，以免引发酸中毒、皱胃移位等疾患。日粮干物质采食量9~10 kg，粗蛋白含量

10%~12%。与此同时，日粮中钙、磷不能缺，否则不仅产奶量下降，还会引发软骨症、肢蹄病等，钙、磷不足可补喂矿物质添加剂，每头每天钙不低于100 g，磷不低于70 g。

41. 怀孕母牛饲喂技术要点有哪些？

（1）头胎怀孕母牛增重与妊娠　BCS评分（5分制）保持3.00~3.25；背膘厚度16~18 mm，妊娠前3个月增重率≤0.5 kg/d；后期增重率0.3~0.4 kg/d。

（2）经产母牛　妊娠以青粗饲料为主适当搭配精饲料的原则，根据膘情并参照饲养标准配制日粮。

（3）妊娠前期（怀孕0~3个月）　控制精饲料喂量，保持中上膘情，精料少喂、不喂。

①保证中上等膘情，不可过肥。

②营养补充以优质青粗饲料为主，适当搭配少量精料（1 kg左右），要保证维生素及微量元素的供给，粗饲料长度3~5 cm为宜。如缺乏维生素及微量元素会出现以下症状。

维生素A缺乏时母牛精神不振，被毛粗乱，食欲减退，眼球微突，畏光流泪，傍晚视物不清，入舍后有碰撞现象。子宫内膜的上皮容易变性角质化，影响胚胎附植，使母牛不易受孕，妊娠母牛发生流产或产生弱胎或畸形、死胎、胎衣滞留或胎衣不下的概率增加；犊牛双目失明，眼球突出，不会吮乳，全身瘫痪。维生素E缺乏时，母牛受胎率下降，胚胎易被吸收等。维生素D影响钙和磷的正常代谢，当缺乏时，可间接引起不育。

矿物质缺乏易引起异食癖。缺磷会推迟性成熟，严重时性周期停止。钙、磷比例失调或缺乏（钙磷比1.5：1.0~2：1.0），会使卵巢机能受到影响，卵泡生长和成熟受阻导致不孕、胎儿畸形、产死胎等。缺钙能导致骨质疏松、胎衣不下、产后瘫痪等，如啃吃砖头和水泥。缺硒会导致青年牛初情期推迟，成年母牛不发情、发情不规律、生产性能下降，对传染病的抵抗力差和发生繁殖机能障碍，容易导致胎衣不下。钴、铜、碘、锰、铁、镁、锌等对牛的繁殖是不可缺少的。吃土是微量元素缺乏，主要是缺铁和钴元素；喝尿或吃被粪尿污染的草是缺盐和碱的表现；母牛产后吃胎衣是蛋白质不足的表现；吃塑料布、麻绳头应考虑胃肠道寄生虫；牛玩舌头也要考虑寄生虫；母牛喝尿等还要考虑酮病；舔食工作服的汗是缺乏盐的表现。

怀孕不同时间，子宫有不同的变化。应根据具体情况调整精料饲喂。

怀孕19~22 d：子宫勃起反应不明显，在上次发情时卵巢上的排卵处有发育成熟的黄体，黄体柔软，孕侧卵巢较对侧卵巢大，疑为妊娠。如果子宫勃起反应明显，无明显的黄体，卵巢上有大于1 cm的卵泡，或卵巢局部有凹陷、质地较软，可能是刚排过卵，这两种情况均表现为未孕。

怀孕30 d：孕侧卵巢有发育完善的妊娠黄体，黄体肩端丰满，顶端突起，卵巢体积较对侧卵巢大1倍；两侧子宫角不对称，孕角较空角稍增大，质地变软，有液体波动的感觉，孕角最膨大处子宫壁较薄，空角较硬而有弹性，弯曲明显，角间沟清楚，用手指轻握孕角，从一端向另一端轻轻滑动，可感到胎膜囊在指间滑动。

怀孕60 d：由于胎水增加，孕角增大且向背侧突出。孕角比空角约粗一倍，且较长，两者差异明显。孕角内有波动感，用手指按压有弹性。角间沟不甚清楚，但仍能分辨，可以摸到全部子宫。

怀孕90 d：孕角如排球大小，波动明显，有时可触及漂浮在子宫腔内如硬块的胎儿，角间沟已摸不清楚。这时子宫开始深入腹腔，子宫颈移至耻骨前缘，初产牛子宫下沉时间较晚。

（4）妊娠中期（怀孕4~6月）　应适量增加精料喂量，保证蛋白质供给。可每天补喂1~2 kg精料。

①妊娠120 d：子宫全部沉入腹腔，子宫颈越过耻骨前缘，触摸不清子宫轮廓的形状，只能触摸到子宫背侧面及该处明显突出的子叶，形如蚕豆或黄豆，偶尔能摸到胎儿。子宫动脉的妊娠脉搏明显。

②妊娠150 d：全部子宫沉入腹腔底部，由于胎儿迅速发育增大，能够清楚地触及胎儿。子叶逐渐增大，如胡桃或鸡蛋；子宫动脉变粗，妊娠脉搏十分明显，空角侧子宫动脉尚无或稍有妊娠脉搏。

（5）妊娠后期（怀孕7月至分娩）　要保证胎儿的正常生长和母体营养的储备，注意补充维生素、矿物质饲料。每天补充精料2~3 kg。特别注意：怀孕母牛应适当控制棉籽饼、菜籽饼、酒糟、幼嫩豆科牧草等饲料的喂量。

产前7 d，精料降至15%，精补料中食盐用量降至0.5%以下，严禁饲喂小苏打等缓冲剂。产前15 d，将母牛转入产房，自由活动。

妊娠期间的营养水平不仅影响胎儿生长发育，还影响产后泌乳及正常发情。

营养不足：犊牛初生重量小、母牛泌乳性能差、犊牛出生后的增重慢、母牛产后乏情。

营养过剩：母牛发胖、难产（特别是头胎牛）、产后发情延迟、发情不明显等。

42. 哺乳母牛饲喂技术要点有哪些?

哺乳期与怀孕期交叉的阶段。泌乳母牛的营养需要取决于维持和泌乳的营养需要。母牛泌乳量直接影响犊牛的日增重和断奶体重。饲喂原则如下。

（1）饲料要多样化，并大量饲喂青绿、多汁饲料，以保证泌乳需要和母牛发情。

（2）分娩后2~3 d，以优质干草和青贮饲料为主，补充少量精饲料。每日饲喂精饲料1.5 kg、青贮4.0~5.0 kg，优质干草2 kg。

（3）分娩4 d后，逐步增加精饲料和青贮饲料饲喂量，并依据母牛采食量变化调整日粮饲喂量。每天精料增加0.5 kg，添加烟酸（4 g/d）促进食欲。

（4）分娩2周后，增加日粮饲喂量。每天饲喂精饲料3.0~3.5 kg、青贮10~15 kg，优质干草1~2 kg，哺乳母牛还需要补充钙和镁。

（5）分娩3个月后，产奶量逐渐下降，母牛处于妊娠早期，可适当减少精料喂量。如饲喂过量的精料，极易造成母牛过肥，影响泌乳和繁殖。因此，应根据体况和粗饲料供应情况确定精料喂量，多供青绿多汁饲料。

表 3-6　哺乳母牛基础日粮配方

单位：%

玉米	麸皮	胡麻饼	豆粕	花生饼	菜籽饼	食盐	碳酸氢钙	5% 预混料	碳酸钙
56	19	5	5	3	4	1	0.5	5	1.5

43. 为什么母牛长期不发情？

母牛长期不发情，往往影响牛群的繁殖力。在生产实践中，有些母牛长期不发情，往往是由于营养、气候、疾病或泌乳所引起。因此，母牛长期不发情常见于营养缺乏、环境条件不当、卵巢疾病、子宫疾病的母牛；泌乳力高、处于泌乳旺季新分娩母牛。改善措施如下。

（1）改善饲养条件　由于营养对母牛的发情和排卵起着决定性的作用，其中能量和蛋白质、矿物质、维生素都对母牛发情有很大影响。所以，在饲养方面应根据母牛的体况，长期、均衡、全面、适量地提供蛋白质、能量、维生素、矿物质等营养物质，给予科学的饲养。贫乏和过度饲养都会使母牛不发情。

（2）改善环境条件　由于我国多数地区夏季炎热，冬季又寒冷。夏季高温母牛会缩短发情持续期并减少发情表现，哺乳母牛在炎热的气候下，由于肾上腺分泌了大量孕酮而造成不发情；冬季由于日照短和粗饲料中维生素含量低而造成母牛不发情，所以要使母牛发情，应为其创造理想的环境条件。这些条件是凉爽的气候、较低的湿度、较长的日照和适量的营养。

（3）清除引起不发情的病因　持久黄体、子宫内膜炎及其他生殖道疾病，都可引起母牛不发情。卵巢发育不全也会造成母牛不发情。实践证明，直肠按摩卵巢也有活化卵巢的作用，注射促性腺激素，能恢复卵巢功能，促进卵泡生长。其他生殖器疾病应对症医治，如皮下或肌内注射孕马血清（促性腺激素）1 000~2 000 IU，并进行卵巢按摩，或用5 mg前列腺素溶于2 ml生理盐水中，注入子宫体内，对消除持久黄体，促使母牛发情有显著疗效。

44. 母牛不发情如何治疗？

青年母牛一般10~12月龄出现发情，达到13~14月龄开始配种，分娩后35~55日龄又开始发情，配种。

若母牛长时间不发情，需密切关注其膘情状况。若膘情低于7层，应立即增加饲料摄入，并在接下来的10 d内逐渐加大饲料量，同时确保母牛能充分吸收。而若膘情已达8层或以上，则需适当减少饲料，10 d内仅提供草料，以此刺激母牛发情。

经产母牛产后3个多月仍不发情的情况，建议尽早犊牛断奶，以促进母牛的发情。若经产母牛长时间不发情，可能与产犊时的难产、胎衣不下或接生方法不当导致的子宫炎症有关，需要兽医帮助进行子宫消炎。营养不良或饲喂霉变饲料也会抑制母牛的激素分泌，从而影响其发情。饲养管理方面的问题，如母牛长时间处于同一环境（如定位栏中），也可能造成久不发情。对于后备母牛，若经过药物治疗仍不发情，可以尝试将其置于正发情母牛身边感受气味诱导。

对于疾病引起的久不发情，应首先去除病因；其次，加强营养，避免饲喂发霉变质饲料，并在饲料中补充维生素 A、维生素 E 或胡萝卜。在管理方面，我们可以采用调栏法来提高后备母牛的配种率，而对于断奶母牛，促进其尽快忘记"哺乳"状态并进入发情状态是关键。

若采取上述措施后母牛仍不发情，可考虑药物诱导发情。具体激素选择包括促卵泡激素（FSH）10~25 mg 肌内注射，孕马血清200~800 IU 肌内注射，人绒毛膜促性腺激素500~1 000 IU 肌内注射，前列腺素3~8 mg 肌内注射以及氯前列醇175 μg 肌内注射。

45. 母牛最适宜的配种时间是什么？

母牛生完牛犊后最好在60~80 d 内配种。因为母牛产犊后，需要20~30 d 子宫才会恢复，20 d 左右才会排卵。母牛适宜输精时间在发情开始后9~24 h，二次输精间隔8~12 h。母牛多在夜间排卵，生产中应该夜间输精和早晨输精，避免气温高时输精，特别是夏天，以提高受胎率。

母牛适宜的配种时间应在发情末期。一般早上发情，下午配种；或下午发情，次晨配种。年老体弱的母牛，发情持续期较短，排卵较早，配种时间要适当提早。

46. 母牛难产时助产方法有哪些？

（1）使用催产药物 如果母牛出现难产症状，首先可以先尝试使用催产药物来促进分娩，这样简单方便。建议使用氯前列烯醇，它可以刺激子宫收缩，帮助胎儿顺利分娩。在使用催产药物需要注意剂量和用药时间，避免对母牛和胎儿的健康产生负面影响。

（2）人工助产

①矫正胎位：当母牛难产时，可以观察母牛是不是胎位不正，如果母牛胎位不正，需要用手进行矫正。

具体操作方法：需要将消毒干净的手伸入母牛的产道内，通过轻柔推动来改变胎儿的位置，最终就是胎儿的头部朝下，背部朝上，腿部弯曲，这样才能让胎儿顺利通过产道。

②按摩推胎：母牛出现难产，还可以通过按摩推胎促进子宫收缩，加快胎儿的出生。

具体操作方法：用手指轻柔地按摩母牛腹部，从前向后，从上到下，按摩的力度要轻柔均匀，可以用手掌和手指配合，帮助子宫收缩。同时另一个人用力推胎，推胎的力度要适当，不能过大，以免对母牛和胎儿的健康造成不良影响。这样两人搭配可以很快帮助母牛生产。

③使用产钳：在使用产钳之前，需要先检查胎儿的位置和胎位是否正确。如果胎位不正，需要先进行手动矫正，将胎儿的头部朝下放置。然后，用消毒后产钳插入母牛生殖道内，找到胎儿的前肢，用产钳夹住前肢，然后轻轻地将产钳沿着胎儿的身体插入，直到夹住胎儿的头部。在夹住胎儿头部的同时，要适当地拉动产钳，来帮助胎儿顺利通过产道。

（3）手术　如果以上方法都无法解决母牛下崽困难的问题，就需要及时找兽医进行手术了。常见的手术方法有剖宫产。手术的前提一定要确保母牛和胎儿的生命安全，需要我们在权衡利弊后进行决策。

47. 胎衣不下如何处理？

（1）灌水法　将大量温水加0.1%的高锰酸钾，灌入子宫内，促使子宫收缩，使用10%浓盐水灌注母牛子宫，促使母牛胎衣脱水，使胎衣和子宫壁更容易分离。

（2）药物疗法　在产后12 h内在皮下或肌内注射垂体后叶素50~100 IU，也可注射催产素10 ml，麦角新碱6~10 ml。

为预防出现败血症状，在体温升高时，可每天注射一次磺胺噻唑，直至体温降下后第二天为止，同时可静脉注射10%~20%葡萄糖溶液。

（3）手取法　先把指甲剪光磨平，再将手和胳膊用消毒水洗净并涂上油脂。用0.1%高锰酸钾水消毒外阴，再往子宫内灌注少量温水。把手从阴道壁和胎衣中间插入，另一只手托着外边露出的胎衣，手达到子宫颈时，用食指和中指的指头，插入胎衣上的脉管和子宫壁的中间，慢慢把胎衣分开，做完后多灌些温水。

48. 母牛产后保健管理要点有哪些？

（1）产后应补充水分　母牛生产时失水较多，在牛犊出生后应尽快补充水分。可采用红糖麸皮汤，红糖、麸皮各1~2 kg，加8~10 kg 开水冲调，等温度降到40~45 ℃时给母牛饮喂，可起到补充水分、暖腹、充饥、增腹压、轻泄的作用，有助于胎衣排出和理顺肠道。同时，可给母牛优质青绿多汁饲料1~2 kg，可起到补充水分、充饥等作用。

（2）产后灌服营养物质

①丙酸钙（0.25~0.50 kg/ 次）：可为钙吸收提供快速来源，其丙酸部分被吸收后可以转换成能量，目的是预防低血钙症状、产乳热和酮病。

②酵母培养物或酵母产品（100~250 g/ 次）：可促进纤维消化细菌的活动，减少瘤胃中的乳酸数量，保持有利的瘤胃环境；可促进采食、减少食欲缺乏等问题。

③丙二醇（250~500 ml/ 次）：血糖来源，可预防酮病，适合采食量低的母牛。

④氯化钾（120 g/ 次）和氯化钠（120 g/ 次）：可替代因胎儿产出过程中随羊水流失的电解质损失，并可改善血液的矿物质和酸碱平衡。

⑤硫酸镁（120 g/ 次）：镁的来源，母牛在产犊时血液中镁的含量较低，饲喂可预防低血镁症。这与产乳热有关，母牛是通过对饲料中镁的吸收而不是通过骨的动用来调节血液中镁的含量。

⑥磷酸钠（45 g/ 次）：灌服预防产乳热。

⑦有机微量元素：可以提高血液中微量元素的水平或含量，有利于提高免疫力和抵御疾病。

⑧碳酸氢钠（110~150 g/ 次）：可提供电解质来源，而且是

pH 的缓冲剂，可提高饲料的消化率和采食量。

⑨保护性胆碱（15 g /d）：促进脂肪从肝脏输出，应对脂肪肝综合征。

商品化产品：丙酸钙和丙二醇混合物、多种电解质混合物、糖蜜和温水混合物，均可诱使母牛饮用。

（3）产后应适当运动　产后应尽早驱赶母牛进行运动，以减少出血和加快生殖器官复位，预防子宫脱垂等问题。可在母牛适当休息后，牵母牛缓慢行走15~20 min。

（4）注意胎衣是否排出　正常情况下，母牛产后6~8 h 胎衣便可自行排出。如胎衣未排出，应注射垂体后叶素或缩宫素等药物促进胎衣排出。若24 h 仍未排出，应注意消炎，避免胎衣腐烂造成败血症或子宫炎等问题。产前3 d 肌内注射青霉素800万 ~1 200万 IU、益母产后康20~30 ml，每天2次，连用3 d，用于产后消炎以及促进恶露的排出。产后10 d 恶露还未排干净或有明显炎症则要考虑采用生理盐水、0.01%~0.05% 高锰酸钾溶液或1%~2% 的碳酸氢钠和等量氯化钠溶液冲洗子宫。

（5）预防破伤风　母牛产后应在24 h 内注射破伤风抗毒素，预防破伤风病的发生。成年母牛注射用量6 000~12 000 IU。

（6）预防产后瘫痪　用10% 葡萄糖酸钙800~1 000 ml，50% 葡萄糖溶液500~800 ml，复方氯化钠1 000~1 500 ml，1次静脉注射母牛，能迅速提高血糖血钙浓度，防止产后瘫痪；或增加蛋白质饲料及补充钙质，避免吃奶过净，一定要让母牛乳房保留一些奶水。若发生产后瘫痪时，加强蛋白质饲料及补充钙质的同时进行乳房送风治疗。

（7）加喂益母草水 产后同时喂饮温热益母草红糖水（益母草500 g，加水10 kg，煎成水剂后加红糖500 g），每天1~2次，连服2~3 d，对母牛恶露的排净和产后子宫复原都有较好的促进作用。

（8）避免过早进行配种 健康的母牛在产后十几天便可能出现发情，此时母牛各方面还未完全恢复，应给予母牛充分休息时间。一般产后1个月内出现发情不予配种，35~55 d 出现发情再进行配种。

49. 冬季母牛有哪些管理措施？

（1）做好防寒保暖 冬季，牛舍内的温度一般应保持在8~17 ℃，温度过高会对牛产生副作用。当夜间气温降到0 ℃以下时，应将牛赶入圈舍内过夜，以防冻伤或体能过多消耗。在冷空气入侵、气温突然下降时，应及时关上后窗和通风孔，搞好圈舍的保温。特别是围产期的母牛、新生犊牛、高产牛的圈舍要适当加温，保证牛舍温度在10~15 ℃。

（2）调节牛舍湿度 牛全部进入圈舍后，要注意保证牛舍内通风良好，湿度不能过大，相对湿度不宜超过55%。湿度过大，可能会对牛产生强烈的外界刺激，影响其生长速度，严重者还会感染一些真菌类疾病。同时，要及时清除粪尿，保持圈舍清洁干燥。

（3）饲料应多样化 进入冬季后，应及时调整饲料配比，力求多样化。在精饲料的供给方面，要增加10%~20%，用来防寒；在粗饲料方面，最好饲喂优质的青贮饲料或啤酒糟等。

（4）饮水必须加温　未经加温处理的自来水和井水，在冬季容易结冰，牛饮用后常导致消化不良，从而诱发消化道疾病。因此，在给牛饮水时，最好将水加热到15~25 ℃。如果向温水中加点食盐和豆末，不仅可以增强牛的饮欲，而且有降火、消炎的作用。

（5）适量补充饲喂　冬季，牛的草料成分比较单一，可在其饲料中加入适量的尿素，尿素是补充蛋白质的有效来源。一般6月龄以上的犊牛每天喂30~50 g，青年牛每天喂70~90 g，成年母牛每天喂150 g左右。但尿素适口性差，可按尿素1%与精料混合后拌草饲喂，喂后0.5 h内不宜饮水。

（6）抓好配种　牛通常是"夏配春生，冬配秋生"。冬季配种怀胎，可避开炎热夏季产犊，并有利于牛获得高产。因此，应抓住冬季的大好时机，做好牛的配种工作，提高受胎率，为新生犊牛顺利降生和健康生长打下良好基础。

（7）刷拭牛体　不仅可以保持体表清洁，还能促进皮肤血液循环和新陈代谢，有助于调节体温和增强抗病能力。因此，要定期刷拭全身各部位。此外，要定期对牛舍、运动场进行消毒，并按防疫程序进行疫苗注射，发现疾病早治疗，确保母牛健康，保证多产奶。

50. 繁殖母牛在什么情况下要及时淘汰？

（1）由子宫内膜炎导致不孕不育的牛。

（2）年龄太大的牛，母牛在10岁以后繁殖生育能力明显下降，尤其是母牛到了12岁以后繁殖能力会出现断崖式下降，这时候就要将其淘汰。

（3）有布鲁氏杆菌病、结核病、生殖系统疾病、恶性乳房炎、因创伤致残、年老体弱的牛要及时淘汰。

51. 肉用母牛体况评分主要包括哪些？一般母牛体况在几分为合适的体况？

肉牛体况评分（BCS）又称膘情评定，是近年来世界上养牛业比较发达国家推行的一套评价牛体营养状况或体脂肪沉积量的新方法，是评估牛体能贮备的唯一实用的方法。体况评分观察的关键部位为牛的腰至尾根的背线部分，包括腰角、臀角和尾根，通过按压腰椎部的肌肉丰满程度和脂肪覆盖程度进行评分。最常用的 BCS 体系最早是由 Wildman 等提出的5分制评分体系。具体评分如下。

1分：用手触摸牛的短肋（横突），感觉其轮廓清晰，明显突出呈锐角，几乎没有脂肪覆盖于短肋的周围。腰角骨、尾根和胸部肋骨眼观突起明显。

2分：用手触摸可分清每一根短肋，但感觉其端部不如1分体况那样锐利，有一些脂肪覆盖于尾根周围，腰角骨和肋骨不明显。

3分：只有用力下压时，才能触摸到短肋，很容易触摸到尾根部两侧区域有一定的脂肪覆盖。

4分：尽管用力下压也难以触摸到短肋，触摸尾根周围覆盖的脂肪柔软，略呈圆形，可见肋部更多的脂肪沉积，牛的整体脂肪量较多。

5分：眼观牛体的骨架结构和棱角不明显，躯体呈短粗的圆筒状。短肋被较多的脂肪包围，尾根和腰角骨几乎完全埋在脂肪里，肋骨部和大腿部明显沉积大量脂肪，牛体因过度肥胖而影响正常运动。

一般来说，在整个繁殖周期中维持肉牛适宜的体况是整个牛群获得最大繁殖力的关键，维持适宜的体况对缩短母牛的产后发情、提高受胎率、胚胎存活率、缩短产犊间隔，提高犊牛的初生重和断奶重，以及在降低难产、减少代谢失调和疾病方面起着决定性作用。为了取得理想的繁殖性能，繁殖母牛的体况应保持在2.5~3.0分是比较理想的体况。

第四章　肉牛育肥及饲养技术

52. 育肥期肉牛不同蛋白饲料原料如何选择？

常见蛋白原料如下。

（1）豆粕：蛋白质含量高（43%~48%，特级豆粕的蛋白含量可达50%）、氨基酸平衡且消化率好，适用于各育肥阶段。

（2）菜籽粕：蛋白质含量适中（34%~38%），价格较低，但含有一定抗营养因子（如硫苷）。日粮中不宜超过10%，用量不宜过高，需注意饲料加工质量。

（3）棉籽粕：蛋白质含量较高（44%~50%），但因含棉酚，育肥牛日粮中比例不宜超过10%。

（4）胡麻饼粕：又称亚麻籽饼粕，粗蛋白质含量一般为32%~36%。氨基酸组成不佳，维生素 A、D 含量少，磷、硒含量高。亚麻仁饼粮是反刍动物的良好蛋白质来源，亚麻籽饼粕中含有生氰糖苷，可引起氢氰酸中毒，还含有抗维生素 B_6 等抗营养因子；亚麻籽饼粕适口性不好，具有润肠通便和轻泻作用，最好与其他蛋白质饲料配合使用，在育肥牛日粮中的用量应控制在10%以下。

（5）芝麻粕：蛋白质含量高（46%~50%），富含蛋氨酸且含有天然的抗氧化剂芝麻素酚葡萄糖苷，但含有抗营养因子如草酸盐，育肥牛精补料中比例不宜超过20%。

（6）尿素：廉价氮源（普通尿素粗蛋白质含量可达280%），推荐使用缓释尿素，粗蛋白质含量受加工工艺影响，参考商品参数。尿素可被瘤胃微生物合成蛋白质，但需严格控制剂量，日粮中尿素含量不超过1%。

选择原则：根据饲料的蛋白质含量、适口性和价格综合考虑，科学搭配使用，避免单一饲喂。

53. 肉牛育肥过程中如何选择小麦秸、稻草、玉米秸等粗饲料？

（1）小麦秸、稻草、玉米秸，营养价值差异较小，均可在肉牛育肥中使用以促进反刍，但蛋白、能量等营养成分含量均较低。

（2）购买时应选择经过除尘的揉丝或切短（3~5 cm 为宜）干草，适宜的加工方式可以提高其消化率。

（3）优质干草，目视金黄，含叶量高，土石、塑料等杂物较少，同等质量条件下优先选择价格低的产品。

54. 饲料运输成本高的情况下，宁夏育肥牛养殖户有哪些本地可替代的优质饲料资源？

（1）葡萄酒糟　饲喂适宜比例的葡萄酒糟可以提高肉牛的生长性能和抗氧化水平，但是由于葡萄酒糟中抗营养因子单宁含量较高，饲喂量不宜超过干物质采食量的10%。

（2）马铃薯秧　有研究表明，马铃薯秧可以用作肉牛的粗饲料，但因其含有龙葵素毒素，需经过青贮加工处理后才可以使用。由于马铃薯秧水分和蛋白含量高，糖分含量低，在制作青贮的时候，建议与玉米粉（5%~10%）和秸秆（10%~20%）进行混合青贮。

（3）柠条　饲喂适宜比例的柠条青贮可以改善西门塔尔肉牛的生长性能及瘤胃发酵功能，提高肌肉品质。目前有研究表明，柠条青贮替代40%的全株玉米青贮较为适宜。

（4）枸杞副产物　枸杞枝条经过生物发酵可饲喂育肥期肉牛，能够提高肉牛育肥性能及机体免疫性能，但添加量不宜过高。目前研究表明不超过3 kg/（d·头）为宜。

（5）甜高粱　饲用甜高粱用作青贮饲料，营养价值接近于全株玉米青贮，可以替代全株玉米青贮用于肉牛养殖。

55. 如何区分并科学使用肉牛预混料、浓缩料和精补料？

（1）预混料　添加剂原料与载体搅拌均匀的饲料，可以为肉牛补充微量元素和维生素。4%~5%预混料适合自配料牧场，1%预混料适合饲料厂。1%预混料一般不含有食盐、小苏打、石粉等，4%~5%预混料一般含有部分食盐、小苏打、石粉等。但需根据肉牛实际饲喂阶段和预混料产品中微量元素和维生素的有效含量，考虑是否额外添加。预混料应使用反刍专用预混料。

（2）浓缩料　蛋白质饲料与一定比例的添加剂原料混合而成的饲料，应在牧场与玉米等能量饲料、粗饲料按配方混合饲喂。

（3）精补料　能量饲料和蛋白质饲料与一定比例的添加剂原料混合而成的饲料，应在牧场与粗饲料按配方混合饲喂。

56. 什么是全混合日粮（TMR），如何加工 TMR？

（1）全混合日粮（TMR）概念　TMR 是指根据肉牛不同生理阶段和生产性能的营养需要，将不同饲料原料合理搭配设计的全价日粮，并按照配方把每天饲喂的粗料、精料、矿物质、维生素和其他添加剂等各种饲料原料按照一定比例和顺序，用特定设备和加工工艺，均匀混合而制成的营养全价日粮，保证牛采食的饲料营养均衡。

（2）TMR 饲喂技术的优点　可以保证肉牛在每一口采食的饲料中都能摄入相对均衡的营养，避免了肉牛挑食，从而保证其能够摄取到全面的营养成分。TMR 饲喂方式与传统的饲喂方式相比，饲料利用率明显增加，降低代谢病的发生率。TMR 加工和饲喂全过程实现机械化，使饲喂管理省工省时，还可以简化劳动流程，能大幅度提高劳动效率，并减少饲料的浪费，降低饲料成本。

（3）TMR 机的选择与准备　目前 TMR 搅拌机类型多样，功能各异。从搅拌方向区分，可分立式和卧式两种；从移动方式区分，分为自走式和固定式两种。（见表4-1）

表 4-1 不同 TMR 机的优缺点

运动方式	适合的养殖场	优点	缺点
自走式	小规模养殖场	投资小,使用方便,油耗成本、维修成本集成度高	高、牛舍通道宽
固定式	大规模养殖场	运行费用低、维护成本低	取料需要额外人工,需要二次运输

表 4-2 TMR 机容积的选择

养牛场规模 / 头	100~300	300~500	800~1 000	2 000~3 000
TMR 容积 /m³	7	9	12	30

在加工前,要对 TMR 搅拌车进行全面检查。检查搅拌刀的磨损情况,若磨损严重须及时更换,以确保搅拌效果。

（4）TMR 加工流程 TMR 加工一般按"先干后湿、先长后短、先轻后重"的顺序投料。一般情况顺序为干草、青贮、精补料、糟渣和块根块茎类、水,推荐含水量45%~55%（手握不出水、松手不散）。为了控制搅拌均匀度和饲料粒度,建议 TMR 加工过程添加饲料原料的时间控制在5~10 min,加完饲料原料后搅拌时间控制在10~20 min。

57. 如何饲喂全混合日粮（TMR）？

（1）每日分早晚饲喂两次,按日喂量的50% 分早晚投喂,也可以按照早60%、晚40% 的比例投喂。

（2）移动式搅拌车可直接将 TMR 投喂给牛群，若是固定式搅拌站则使用撒料车把 TMR 拉运至牛舍饲喂。

（3）注意事项　牛舍建设要适合 TMR 搅拌车或撒料车操作，饲料原料要多样化，各种饲料原料要严格按配方用量精准添加，控制日粮适宜的含水量，根据牛的不同年龄、体重和育肥阶段进行合理分群。

58. 给育肥牛配制日粮应掌握的原则主要有哪些?

给肉牛配制日粮时，须遵循科学、实用、经济和安全性的原则，符合肉牛的消化生理特点，并满足不同阶段的营养需求，以确保生长性能和肉质提高。具体措施如下。

（1）肉牛的日粮配合，要以肉牛的营养需要量，即饲养标准为依据。

（2）符合肉牛的生理特点，日粮中必须提供足够的粗饲料（育肥前期粗饲料占40%~50%，育肥后期粗饲料占30%~40%，一般不得低于20%），粗饲料需加工至适宜长度（3~5 cm），以满足其瘤胃健康和正常消化需要，防止因纤维不足导致瘤胃酸中毒或消化紊乱。

（3）满足一定体重阶段预计日增重的营养需要，但不应过剩。每天育肥牛干物质采食量占体重的1.8%~2.2%。如果按活重计算采食量（干物质）低于活重1.5%时，可认为达到育肥结束的最佳时期。

（4）日粮组成品种要多样化，不要过于单调，要多种饲料搭配，便于营养平衡、全价。尽量采用当地资源，充分利用副产品，以降低饲养成本。

（5）饲料种类保持相对稳定，避免日粮组成骤变，造成瘤胃微生物不适应，从而影响消化功能，甚至导致消化道疾病。

59. 肉牛育肥方式有哪几种？

按饲养方式：可分为放牧补饲育肥和舍饲育肥；按饲料类型：可分为谷饲育肥和草饲育肥；按照牛肉品质：可分为普通育肥和高档育肥；营养规划方式：可分为长期直线育肥（持续育肥）和高精料短期育肥（架子牛短期育肥）。

60. 拴系饲养和散养育肥的优缺点分别是什么？

拴系饲养的优点是节约牛舍空间，减少争斗和爬跨，便于饲养管理，利于增重和沉积脂肪，出栏时间短；缺点是饲养密度大，牛舍环境差，运动量少，牛抗病力低，易患蹄病。

散养育肥的优点是操作方便，牛自由活动，患病率相对较低；出肉率高，肉质佳，出栏价格较高；缺点是占地多，需要有足够宽阔的空间，不便于精准饲喂。

61. 育肥牛（架子牛）如何选择？

（1）品种的选择　育肥牛源品种的选择需要全面了解不同品种的特点，深入分析当地的实际情况，准确把握市场需求，谨慎地做出最适合的品种选择决策。市场需求是重要考虑因素。不同地区的消费者对牛肉的品质、口感、价格等方面有着不同的偏好和消费能力。引进品种与本地品种相比，生长快、适应强、产肉多。从事高端牛肉生产，选择脂肪沉积能力强、肉质好的品种，如安格斯及其他优秀地方品种和培育品种；从事普通牛肉生产，选择生长速度快、产肉量高的品种，如西门塔尔、夏洛莱、利木赞等杂交后代。同时，还应考虑当地气候、环境、饲草料资源禀赋等情况。

（2）性别的选择 在性别选择上，公牛生长速度快，饲料转化率高，瘦肉率高，但肉质相对较粗，且公牛在育肥期间可能会因雄性激素的影响而出现好斗、不易管理等问题。母牛生长速度较公牛慢，但肉质鲜嫩，肌内脂肪含量高，适合生产中高档牛肉。阉牛则兼具公牛和母牛的优点，育肥效果和肉质品质都较为理想。

淘汰母牛育肥的选择：经产母牛应选8岁以下（不超过6胎）、健康、食欲强、背腰平直、四肢强健的牛只。有明显生理缺陷、弓腰或塌背、恶癖和神经质的母牛不适合育肥，患有重度乳房炎、重度肢蹄病、采食困难、难以治愈的胃肠道疾病或全身性疾病的母牛不适合育肥。

表4-3 肉牛普通育肥与高端育肥的比较

标准	普通育肥	高端育肥
品种	西门塔尔等肉用品种及其杂交后代	安格斯、和牛、地方黄牛等品种
体重	250~350 kg，骨架发育良好	250~350 kg，注重脂肪沉积能力与基因质量

续表

标准	普通育肥	高端育肥
健康状况	体形匀称、四肢健壮、无疾病	健康状况优良，特别注重牛肉的最终品质
性别	公牛	阉牛和母牛
育肥周期	6~12个月，快速增重	12~18个月，注重肉质提升与脂肪沉积

（3）外貌特征选择　理想的育肥肉牛应具备体型高大、结构匀称的特点。头部宽大，额宽平，眼睛明亮有神，反应敏捷，颈部短粗，与头部和肩部连接紧密。胸部宽阔深厚，肋骨开张良好，呈桶状胸。腹部充实饱满，不下垂，背腰宽平且直，被毛光亮顺滑，整齐均匀。（见表4-3）

62. 公牛育肥和阉牛育肥有何优缺点？

（1）公牛育肥优缺点　优点：公牛育肥生长速度快、饲料转化率高，育肥周期短；瘦肉率高，胴体产量大。缺点：肉质稍差，脂肪沉积少，适口性不如阉牛；公牛性格较暴躁，管理难度较高。阉牛育肥优缺点，优点：阉牛育肥肉质优良，脂肪沉积均匀，肉色鲜红，适口性强，瘦肉率略低于公牛，性情温顺，易管理；缺点：生长速度较慢，饲料转化率低，育肥周期较长。

（2）建议　如果市场倾向于高瘦肉率牛肉，可选择公牛育肥（如西门塔尔）；如果追求肉质细嫩和脂肪均匀，可选择阉牛育肥（如安格斯）。

63. 肉牛育肥阶段如何划分以及各阶段营养需要特点是什么?

（1）育肥前期（体重250~400 kg）　以日粮干物质为基础，蛋白13.0%~13.5%，淀粉26%~28%。此阶段以骨架发育为主，粗饲料比例较高（60%~70%），精饲料较低；提供充足蛋白质和矿物质。

（2）育肥中期（体重400~550 kg）　以日粮干物质为基础，蛋白12.5%~13.0%，淀粉30%~32%。肌肉生长和脂肪沉积并重，精饲料比例提高到50%~60%，能量和蛋白质需求量增加。

（3）育肥后期（体重550 kg及以上）　以日粮干物质为基础，蛋白11.5%~12.0%，淀粉32%~36%。以脂肪沉积为主，精饲料比例可达70%，增加能量供给，减少粗饲料占比，提升胴体质量。

（4）修饰期（高端育肥，体重650 kg以上）　以日粮干物质为基础，蛋白质11%以下，淀粉38%以上。以脂肪沉积为主，精饲料比例可达80%，尽可能地提高肌内脂肪含量，使脂肪沉积达到最佳状态。

64. 怎样进行肉牛长期直线育肥（持续育肥）?

概念：指在犊牛断奶后就转入育肥阶段，给以高水平营养进行育肥，一直到适当体重时出栏。优点是持续育肥较好地利用了牛生长发育快的幼龄阶段，日增重高，饲料利用率也高，出栏快、肉质好。

（1）过渡期（2~4个月、6~10月龄）　此阶段主要是完成驱虫、免疫和分群等应激后恢复，胃肠机能调整，由犊牛日粮逐渐过渡到育肥牛日粮，尽快适应新环境和饲养管理方式。仍以优质青干草为主，自由采食，限喂少量的酒糟、青贮饲料。

（2）育肥前期（4~6个月、11~18月龄） 此阶段肉牛的生长发育最快，相对生长强度大，重点促进骨骼、内脏和肌肉的生长，尽快适应精料型饲养，16月龄精粗饲料干物质比例5∶5。日粮应富含蛋白质、矿物质、维生素。粗饲料为青干草、麦草、青贮饲料和酒糟。

（3）育肥中期（4~6个月、19~24月龄） 骨骼、肌肉和体躯已渐趋完善，内脏和腹腔沉积脂肪。粗饲以麦秸或稻草为主，减少青贮、酒糟等高水分饲料，提高精粗比。

（4）育肥后期（6~8个月、25月龄至出栏） 此阶段日增重显著降低，主要是囤积脂肪，增加肌肉纤维间的脂肪量和脂肪密度，改善牛肉品质，提高优质高档肉比例。粗饲草为单一麦草等优质秸秆或干草，精料的比例占日粮干物质的70%，在日粮中添加大麦或小麦以改善脂肪色，控制精饲料中玉米比例，控制维生素 A 摄入量，出栏前60~90 d适当增加维生素 E、维生素 D，改善肉的品质和色泽。

65. 怎样进行肉牛吊架子育肥?

概念：在犊牛断奶后，按一般饲养条件进行饲养，达到一定年龄和体况后，充分利用牛的补偿生长能力，在屠宰前集中3~5个月采用高精料进行强度育肥，又叫架子牛短期育肥。注意：若牛的吊架子阶段过长，肌肉生长发育受阻过度时，即使给予充分饲养，最后体重也很难与持续育肥的牛相比，而且胴体中骨骼、内脏比例大，脂肪含量高，瘦肉比例较小，肉质欠佳。

（1）恢复期的饲养（10~15 d）　由于运输、环境和管理方式等因素的应激反应，牛疲劳且体重下降5%~15%，需要一段时间恢复，以便适应新环境、组群和饲养管理方式。日粮以优质青干草和麦草为主，并保证充足饮水，第一天不给精料，第二天给少量麸皮，精料饲喂量逐渐增加。并完成检疫、防疫、驱虫和隔离观察。

（2）过渡期的饲养（15~20 d）　逐步实现从原粗料型向精料型转变。待架子牛恢复体况并适应后，减少青干草，增加麦草，提高日粮精粗比。

（3）催肥期的饲养（110~120 d）　精粗比逐步提高到70∶30以上，日粮粗蛋白保持在10%~12%。

66. 怎样进行日粮配方的换料过渡？

（1）过渡期设置　在更换饲料时，应安排一个过渡期，通常为7~15 d。这个过渡期可以让肉牛逐渐适应新的饲料配方，减少因突然改变饲料种类或比例而引起的消化不良和应激反应。

（2）逐步增加新饲料比例　在最初的几天内，保持原有饲料的比例较高（不少于2/3），新饲料的比例较低（不大于1/3）。例如，在更换的最初3 d，可以将原饲料比例保持在2/3以上，新饲料比例控制在1/3以下。之后，每间隔2~3 d，逐渐增加新饲料的比例，同时相应减少原饲料的比例，直至完全替换为新饲料。

（3）观察牛只反应　在换料期间，要密切观察牛只的粪便、采食量和消化情况。如果发现牛只出现腹泻、消化不良等症状，应及时调整饲料比例，并采取相应的措施，如使用健胃药物和益生菌制剂。

（4）保证饲料质量　在换料过程中，必须确保饲料的质量，避免使用霉变的饲料，并提供充足、清洁的饮水。

67. 如何判断并解决育肥牛消化不良现象？

（1）如果在肉牛粪便中发现大量消化不全的玉米颗粒或玉米籽粒，有些情况伴有黏膜出现，即可判断育肥牛发生过料现象。

（2）产生过料的原因可能是精料饲喂量过大、谷物加工方式存在问题、瘤胃酸中毒或肉牛胃肠道不健康等原因。

（3）可适当降低精料比例、使用优质粗饲料替代劣质粗饲料、调整玉米粉碎粒径至2 mm、优化小苏打和氧化镁的比例至建议范围或适量添加活性酵母、酵母培养物等健胃产品。

68. 夏季高温天气下，育肥牛热应激问题如何有效缓解？

（1）环境调控

①牛舍改造与通风。对牛舍进行改造，增加通风口面积。合理设计牛舍朝向，尽量使牛舍长轴与夏季主导风向平行，这样有利于自然通风。

②安装风扇和喷淋降温系统。安装风扇和喷淋降温系统，在高温时段对育肥牛进行降温。喷淋后要结合通风，让水分快速蒸发，带走牛体热量。

（2）饲养管理调整

①调整饲喂时间和次数。改变饲喂时间，选择在清晨和傍晚温度较低的时候进行饲喂。增加饲喂次数，将每天的饲喂次数从1~2次增加到2~3次，每次饲喂量适当减少。

②调整饲料配方。适当降低饲料中的粗饲料比例，增加精饲料比例。在饮水中添加维生素 C，每头牛2~3 g/ d。

（3）饮水管理

育肥牛在高温天气下饮水量会增加，一般是正常饮水量的1.5~2.0倍。保证饮水清洁卫生，定期清洗水槽，更换新鲜的水。

（4）加强观察和健康管理

①密切观察牛只状态。饲养人员要增加对育肥牛的观察次数，密切关注育肥牛的采食、饮水、呼吸、精神状态等。

②做好疾病预防和治疗。加强牛舍的卫生消毒工作，定期对牛舍、饲养设备等进行消毒，防止疾病传播。

69. 肉牛育肥期间如何避免过度肥胖？

过度肥胖是指肉牛育肥过程中皮下脂肪和内脏脂肪沉积量过多，不仅影响肉牛的瘦肉率，还可能导致健康问题。为避免过度肥胖，可采取以下措施。

（1）合理控制精饲料的量　可以通过逐步增加精饲料比例来促进生长，但要根据牛的体重和需求灵活调整。如：育肥前期精料量为55%~60%，育肥中期精料量为60%~65%，育肥后期精料量为70% 左右。选择高质量、适口性强的饲料，确保肉牛的饲料摄入量适中。

（2）调整日粮蛋白质和氨基酸水平　适当提高育肥后期日粮粗蛋白水平（约12%干物质基础），育肥期强化能量同时适当强化蛋白、采用过瘤胃氨基酸，可减少肉牛脂肪的过度沉积。

（3）定期监测牛只的体况　通过观察牛只的体型、体重和皮肤脂肪层的厚度来判断是否出现肥胖，及时调整饲养管理。

70. 肉牛饲喂过程中添加尿素要注意的问题？

（1）尿素溶解度很高　尿素在瘤胃中很快转化为氨，如饲喂方法不当会引起牛的氨中毒，甚至死亡。

（2）选择合适的非蛋白氮来源　尿素来源广泛、经济有效，常作为反刍动物日粮中替代蛋白质饲料的首选，其中缓释尿素、糊化尿素有效减缓了在瘤胃内的分解速度，使瘤胃微生物更好地利用其中的氮源，减少氨中毒现象的发生。

（3）尿素只能在6月龄以上的牛日粮中使用　尿素用量一般不超过日粮干物质的1%，或每100 kg体重15~20 g。初次使用尿素时，应逐步增加添加量，让肉牛有时间适应，一般需要5~10 d的预饲期。建议从低剂量开始，然后逐渐增加到最大推荐量。使用时要混合均匀，将尿素均匀混合在日粮中，避免局部浓度过高。可以使用饲料搅拌机或手工充分混合，避免单独饲喂。分多次饲喂，每次少量，以减少氨的突然释放；不要在动物空腹时饲喂含尿素的日粮，以免氨迅速释放；补饲尿素后30 min以内不得饮水，更不能将其直接溶解在水中供应。

（4）适宜的日粮蛋白质水平　反刍动物利用非蛋白氮的效果与日粮中蛋白质的水平有很大关系，日粮蛋白质水平越低，非蛋白氮的利用效果越好。当日粮蛋白质含量过高，由蛋白质产生的氨便可满足瘤胃微生物的需要，非蛋白氮产生的氨就不能得到有效的利用，而由尿液等途径排出体外，造成氮的浪费。

（5）补充尿素的同时补充硫　使氮硫比达到15∶1~10∶1。磷也是合成蛋白质必需的元素，在日粮中适当添加磷可以提高反刍动物对非蛋白氮的利用率。此外，钙、镁、铜、锌和硒等元素能改善瘤胃微生物的活力从而提高非蛋白氮的利用。

71. 提高牛肉质量的主要措施有哪些?

（1）选择优良的品种　可以选择和牛、安格斯以及本地黄牛。

（2）提供适宜的日粮　日粮中的能量、蛋白质、矿物质、维生素以及微量元素等营养物质的配比要平衡，并且日粮中的精粗比要适宜。维生素 A 具有抑制脂肪细胞分化的作用，因此在生产高品质牛肉时需控制维生素 A 的摄入量。日粮中维生素 E 的添加，不仅可以避免肌肉发育不良，还可以保持肌肉完整性，提高牛肉的品质。

（3）预防应激　如日常管理中的应激、屠宰前的运输应激等，可以在肉牛的运输过程中给肉牛补充有机铬可以减轻应激反应，从而减少应激对肉质的不良影响。

72. 肉牛育肥的饮水量和水质标准是什么?

饮水量：育肥牛每天的饮水量如表4-4所示，具体需求会因环境温度、饲料类型等因素而有所不同。

表 4-4 肉牛每日总饮水量的估计值

单位：L

体重	环境温度					
	4.4℃	10.0℃	14.4℃	21.1℃	26.6℃	32.2℃
生长青年母牛、阉牛和公牛						
182 kg	15.1	16.3	18.9	22.0	25.4	36.0
273 kg	20.1	22.0	25.0	29.5	33.7	48.1
364 kg	23.0	25.7	29.9	34.8	40.1	56.8
肥育牛						
273 kg	22.7	24.6	28.0	32.9	37.9	54.1
364 kg	27.6	29.69	34.4	40.5	46.6	65.9
454 kg	32.9	35.6	40.9	47.7	54.9+	78.0
冬季妊娠母牛						
409 kg	25.4	27.3	31.4	36.7	—	—
500 kg	22.7	24.6	28.0	32.9	—	—
泌乳母牛						
409 kg	43.1	47.7	54.9	64	67.8	61.3
成年公牛						
636 kg	30.3	32.6	37.5	44.3	50.7	71.9
727 kg	32.9	35.6	40.9	47.7	54.9	78.0

资料来源：数据来自《肉牛营养需要》（NASEM，2016）。

水质标准：肉牛饮用水的水质应符合《无公害食品畜禽　饮用水水质》（NY 5027—2008）的要求。水质必须清洁卫生，理化指标、细菌指标、农药含量和有毒物质含量等均须符合标准。

73. 怎样判断肉牛投喂量、采食量是否合理？

（1）观察牛的采食时间　通常健康的牛会在投喂后40 min~1 h完成进食。如果牛在较短的时间内完成采食，意味着饲喂量不足；如果采食时间过长，余料过多，表示饲料过量或日粮配制有问题。

（2）检查干物质采食量　根据肉牛的体重和生长阶段，合理计算每日采食的干物质量。干物质采食量应占牛体重的1.8%~2.5%。

日粮干物质估算：精料、干草、秸秆的干物质，按88%估算；酒糟、青贮的干物质，按30%~35%估算；鲜草干物质，按20%~30%估算。

74. 育肥牛出栏时机如何把握？

育肥牛出栏决策还应当参照盈亏平衡价格，盈亏平衡价格 =（购牛费 + 饲料成本）/ 出栏重。只有高于这个价格，才意味着有利润。计算盈亏平衡价格时也应考虑牛场人工、土地流转和牛舍及设备折旧、贷款利息、水电油耗、设备维修和配件等费用。总之适时出栏应当考虑以下两个方面：一是在恰当时间节点，从该批次获得较高的经济效益；二是在小牛相对容易或适宜的价格时入手，及时补栏，减少空栏时间。（见表4-5）

表 4-5　普通育肥和高端育肥肉牛出栏判断

标准	普通育肥	高端育肥
体重	西门塔尔公牛：700 kg以上；安格斯公牛：650~700 kg；	和牛阉牛：700 kg以上；安格斯阉牛：750 kg以上；安格斯母牛：700 kg以上；
体型	背部平直，肌肉丰满，皮下脂肪均匀	背部平直，肌肉丰满，皮下脂肪均匀，脂肪分布均匀，肉质细腻
市场需求	根据市场行情调整，避免低谷时出栏	根据高端市场需求，选择高峰期出栏
饲料效率	当饲料转化率下降，增重放缓时及时出栏	当脂肪沉积达到最佳状态（脂肪已沉积到西冷等重要部分），增重放缓时及时出栏

第五章　肉牛高效生产设施设备

75. 常见的青饲料收获机类型有哪些？肉牛场应该如何选择？

常见的青饲料收获机主要有以下三种。

（1）往复式割台青饲料收获机。该机型属于早期机型，常见割台宽度在2.8~3.2 m，价格较低。该类产品收获物料是无序喂入，铡切长度均匀性差，影响青贮品质和日粮制备，在欧美等发达国家和地区已被淘汰，我国市场保有量也在逐步减少。

（2）滚刀式割台青饲料收获机。该机型成本低，适应性强，大多数物料都能收获，但物料铡切长度均匀性差，易带土，杂质多，导致青贮品质差。建议作为难以收获的非常规饲料的补充机型选用。

（3）立式滚筒割台青饲料收获机。该机型是当今市场主流产品。割台宽度从1.2 m到10余米不等，发动机功率超过800 hp［1hp（马力）=745.7 W］。能够实现物料有序喂入，切碎长度均匀，作业效率高，具有物料喂入速度可调的机型，能够根据需要调整物料切碎长度，满足肉牛各种养殖阶段需求。作业品质好，符合发展方向。

76. 使用青饲料收获机的籽粒破碎器及其使用注意事项有哪些？

全株玉米青贮，必须做到籽粒破碎，一般要求1 L青贮料完整籽粒不超过3粒，秸秆完全破结揉搓。要达到这一要求，一般采用专用籽粒破碎器，破碎揉搓效果好，作业效率高，但价格和使用成本也高。这种设备适用于大机型、大地块、大规模作业。国内小型青饲料收获机厂家，研发了多种籽粒破碎结构形式，像多层叠加破碎刀、揉搓板等，虽然破碎效果稍差，但价格便宜，使用成本低，适合中小规模养殖场使用。

77. 青贮玉米收获切碎长度、留茬高度及安全作业注意事项有哪些？

对肉牛养殖，推荐青贮饲料切碎长度为2~4 cm。过长，影响物料压实密度，导致青贮品质降低，并且影响后续全混合日粮制备效率；过短，影响收获效率，增加收获成本。建议选用具有切碎长度可调功能的青饲料收获机，可根据不同的收获时期调整切碎长度。物料含水率高，可长些；物料含水率低，应短些。勤磨刀，保持刀刃锋利，动刀和定刀间隙调整合理（一般在0.5~1.0 mm，不应超过1.5 mm），是保障切碎长度一致性的关键，同时能降低收获作业能耗。

留茬高度一般应控制在20~30 cm。收获期靠前，留茬高度适当降低；收获期靠后，留茬高度适当提高。经过平整的大块土地，留茬高度一般可在20 cm；未经平整的地块，应控制在

25 cm 以上，杜绝收获时带入泥土。虽然降低留茬高度能提高收获量，但青贮品质降低风险大大增加，所以不应过分降低留茬高度。

青饲料收获机结构复杂，旋转部件较多，作业危险性大，应选用正规生产厂家产品并严格按照安全作业手册要求操作。特别注意以下几点：①启动作业前，应认真检查车辆状态及周边情况，确保车辆状态良好，无杂物，且无人员靠近。②作业时，一般应将发动机转速提高到 2 000 r/min 以上，方可进地作业；停止作业前，应高速将抛料筒内的物料抛出后方可降低油门。③清理割台、喂入辊、抛料筒堵塞或杂草秸秆缠绕时，一定要停车，待发动机熄火、运动部件停止运转后才能进行。④杜绝用人在跟随接料车辆的料箱内踩实物料（一般青贮物料抛送速度可达 40 m/s 以上，4.5 m 割台青贮机每秒抛送料可达 60 kg，高速物料可能会给人员造成严重伤害）。

78. 肉牛存栏100头以下，应该用窖贮还是裹包青贮？

对存栏100头以下肉牛养殖户，裹包青贮综合效益更优。窖贮的优势是物料入窖效率高，但压实难度大，储存损失大，取饲不方便，适合规模化养殖场，养殖量越少越不划算。裹包青贮具有制作、储存、饲喂方便，损失率低等诸多优势，特别适合百头以下的养殖场应用。

79. 裹包青贮机怎么选？

市场上裹包青贮机规格型号较多，按裹包直径主要分为

55 cm、70 cm、90 cm、100 cm、120 cm 等多种规格。对于自用的肉牛养殖场（户），存栏100头以下建议选择55型，存栏200头左右可选择70型；饲草加工专业户，根据投资能力和市场定位，一般应选择90型及以上型号。

按成型舱室结构分，当前市场产品主要有固定舱室型和带式可变舱室型。固定舱室型主要是90型以下小型裹包机，推广应用已应用近20年，相对成熟，价格低，但作业时漏料多，不适合细碎物料；带式可变舱室型，裹包芯部压缩密度大，青贮品质好，物料适应性强，符合市场发展方向，但属于新兴产品，产品质量有待进一步提升，应尽量选择有研发实力的生产厂家。

80. 如何快速评判裹包青贮机品质？

裹包青贮机结构复杂，一般是上料、打捆成形、缠膜裹包等多个作业流程连续作业，自动化程度高，很难看一眼就能评判裹包青贮机产品质量。最简单的方式就是看裹包品质，让厂家提供裹包作业效果照片或作业视频，裹包棱角分明裹包青贮机品质一般不会差；裹包无棱角，裹包青贮机质量就很可能不好。另外，还要看产品外观质量，厂家实力，市场口碑等。

81. 家庭养殖户应选什么样的全日粮制备机？

当前市场上全日粮制备机，按搅拌轴水平或垂直布置分为卧式和立式；按作业方式主要分为固定式、牵引式和自走式。

对存栏200头以上的育肥牛场，推荐选固定式、立式机型；存栏100头以下的牛场，推荐选用自走式机型。由于我国用电成本明显低于用油成本，因此，规模牛场采用固定式全日粮制备机＋撒料车的作业模式较为合适；对于中小规模家庭牛场，为提高作业效率，减少作业环节，推荐选用自走式。

卧式全日粮制备机，诞生早，市场普及率高；具有投料口低、物料粉碎效率高等优点；但混料速度慢，搅龙挤压力大，不适合高精料，剩料多且难清理，刀片和箱体易磨损。立式全日粮制备机具有混料效率高、日粮蓬松适口性好、卸料彻底、故障率低等优点，但有干草切碎效率低、设备外形高等缺陷。建议养殖户根据养殖规模、养殖类型、主要粗饲料来源、圈舍设施等实际情况选择适合自己的全日粮制备机。

82. 全日粮制备机有哪些使用注意事项？

全日粮制备机主要是为实现全价日粮的充分混合，同时具有秸秆揉丝和长草的切短等功能，所以搅拌时间应按物料和饲喂要求而定，不应是固定不变的。应避免将制备机当作粉碎机使用，长草应进行预粉碎，可有效降低制备机能耗和故障率。另外，要及时更换切刀，做好运转部件润滑保养，提高生产效率，减少故障。

83. 肉牛场应该选什么样的清粪车？

当前市场上广泛应用的清粪车，主要为奶牛场使用场景设计。奶牛场一般场区规模大，粪污含水率高，一天清两次，可以实现高速行驶状态下的清粪作业。所以，奶牛清粪车一般作业速度高、产品规格大。在以宁夏为代表的西部地区，空气干燥，蒸发量大，肉牛粪污含水率低，流动性差，清粪作业难度大。另外，一般圈舍规模小，清粪不及时，粪污堆积量大。所以，推荐选用同时具备低速行驶（4 km/h 以下）和大功率清粪作业功能的专用干清粪车。

84. 不同规模肉牛养殖场主要设备配套选型方案和应用注意事项有哪些?

肉牛养殖场（户）配套一定的种植、养殖管理机械设备能有效提高生产效率，降低管理成本，增加经济效益。推荐养殖场根据自身养殖规模、种植规模、管理能力等综合因素，考虑装备配置，表5-1为不同养殖类型和不同规模的推荐选择配置设备形式和数量，供参考。

表5-1　不同规模肉牛养殖场主要设备配套选型方案

名称	单位	繁育母牛养殖场								育肥牛养殖场							
		养殖户		小型家庭农场		中等家庭农场		规模化养殖场		养殖户		小型家庭农场		中等家庭农场		规模化养殖场	
规模属性（存栏）头数	属性	30~50		51~100		101~200		201~500		50~100		101~200		201~500		501~1 000	
		规格	数量	规格	数量	规格	数量	规格	数量	规格	数量	规格	数量	规格	数量	规格	数量
饲料种、收、贮与加工设备　拖拉机/hp		≥30	1台	≥50	1台	≥50	2台	≥50	2台	≥30	1台	≥50	1台	≥50	2台	≥80	2台
方捆或圆捆打（压）捆机		压缩室截面积≥0.154 m²，1台								压缩室截面积≥0.154 m²，1台							
粗饲料切碎揉丝机/(t·h⁻¹)		≥2	1台	≥2	1台	≥4	1台	≥4	1台	≥2	1台	≥2	1台	≥4	1台	≥6	1台

注：1hp（马力）=745.7W。

续表

名称	单位属性	繁育母牛养殖场								育肥牛养殖场							
		养殖户		小型家庭农场		中等家庭农场		规模化养殖场		养殖户		小型家庭农场		中等家庭农场		规模化养殖场	
		规格	数量	规格	数量	规格	数量	规格	数量	规格	数量	规格	数量	规格	数量	规格	数量
规模属性（存栏）头数			30~50		51~100		101~200		201~500		50~100		101~200		201~500		501~1 000
玉米粉碎机	饲料种、收、贮与加工设备	转子工作直径≥400 mm，1台								转子工作直径≥400 mm，1台							
穗茎兼收玉米收获机		≥3行割台，1台								≥3行割台，1台							
青饲料收获机		割幅≥1.6 m，1台								割幅≥1.6 m						割幅≥2.2 m，1台	

续表

名称	单位属性	繁育母牛养殖场								育肥牛养殖场							
		养殖户		小型家庭农场		中等家庭农场		规模化养殖场		养殖户		小型家庭农场		中等家庭农场		规模化养殖场	
	属性	数量	规格	数量	规格	数量	规格	数量	规格	数量	规格	数量	规格	数量	规格	数量	规格
规模属性（存栏）头数		30~50		51~100		101~200		201~500		50~100		101~200		201~500		501~1 000	
饲料种、收、贮与加工设备　裹包青贮机		1台	≥3 t/h			1台	≥6 t/h			1台	≥3 t/h			1台	≥6 t/h		
养殖管理机械设备　取料机		1台	≥30 t/h			1台	≥30 t/h			1台	≥30 t/h			1台	≥30 t/h		

续表

名称	单位	属性	繁育母牛养殖场 养殖户 30~50	小型家庭农场 51~100	中等家庭农场 101~200	规模化养殖场 201~500	育肥牛养殖场 养殖户 50~100	小型家庭农场 101~200	中等家庭农场 201~500	规模化养殖场 501~1000
规模属性（存栏）头数	头数	规格	30~50	51~100	101~200	201~500	50~100	101~200	201~500	501~1000
养殖管理机械设备 TMR制备机	/m³	规格		1.5~3.0	3~6	6~15	2~3	3~6	6~15	15~30
		数量			1台	1~2台	1台	1台	1~2台	1~2台
撒料车	/m³	规格			3~5	5~8	3~5	3~5	5~8	5~10
		数量			1台	1台	0台	1台	1台	1~2台
自由饮水槽			按需	按需	按需	按需	按需	按需	按需	按需

续表

名称	单位	属性	繁育母牛养殖场				育肥牛养殖场			
			养殖户 30~50	小型家庭农场 51~100	中等家庭农场 101~200	规模化养殖场 201~500	养殖户 50~100	小型家庭农场 101~200	中等家庭农场 201~500	规模化养殖场 501~1 000
规模属性（存栏）头数			规格属性	规格属性	规格属性	规格属性	规格属性	规格属性	规格属性	规格属性
养殖管理机械设备 恒温饮水设施		推荐	推荐	推荐	推荐	推荐	推荐	推荐	推荐	推荐
牛舍风机		按需	按需	按需	按需	按需	按需	按需	按需	按需
保定架			0 台	1 台	1 台	1 台	0 台	1	1 台	1 台
消毒车 /m³			0 台 ≥0.5	1 台 ≥0.5	1 ≥0.5	≥1 1 台		≥ 0.5	1 台 ≥1	≥2 1 台

续表

名称	单位	繁育母牛养殖场								育肥牛养殖场							
		养殖户 30~50		小型家庭农场 51~100		中等家庭农场 101~200		规模化养殖场 201~500		养殖户 50~100		小型家庭农场 101~200		中等家庭农场 201~500		规模化养殖场 501~1 000	
	属性	规格	数量	规格	数量	规格	数量	规格	数量	规格	数量	规格	数量	规格	数量	规格	数量
规模属性（存栏）头数																	
清粪和粪污处理利用设备 — 干清粪车/m³			0台	≥1.0	1台	≥1.5	1台	≥2	1台	≥1.0	1台	≥1.5	1台	≥2	1台	≥3	1台
粪污好氧发酵翻堆机/m³			0台		0台	幅宽≥2	1台	幅宽≥2	1台		0台		0台	幅宽≥2.5	1台	幅宽≥2.5	1台

续表

名称	单位	属性	繁育母牛养殖场								育肥牛养殖场							
			养殖户 30~50		小型家庭农场 51~100		中等家庭农场 101~200		规模化养殖场 201~500		养殖户 50~100		小型家庭农场 101~200		中等家庭农场 201~500		规模化养殖场 501~1000	
规模属性（存栏）头数			规格	数量	规格	数量	规格	数量	规格	数量	规格	数量	规格	数量	规格	数量	规格	数量
清粪和粪污处理利用设备 粪肥抛洒车/m³	台			0		0	≥2	1	≥3	1		0	≥2	1	≥3	1	≥5	1

备注："第五章 肉牛高效生产设施设备"由国家肉牛牦牛产业技术体系养殖设施设备岗位科学家团队提供技术支持，咨询电话133 2513 3899。

第六章　肉牛场规划与设计要点

85.宁夏建设肉牛场应该如何选址与布局？

宁夏属于半干旱大陆性气候，气候干燥，冬季寒冷多风，夏季降水少且集中。因此，肉牛场的选址首先应考虑背风向阳、地势高燥、交通便捷、水源充足且水质良好、供电稳定的地块。为适应当地较为起伏的地形，场址坡度一般控制在15°以下为宜，且注意规划良好的排水沟渠，以防止雨季产生的污水在牛舍及运动场内积聚，影响环境卫生和动物健康。同时，选址时应避免位于城镇或居民区常年主导风向的上风向，以减少异味和污染对居民区的影响。

在具体布局方面，肉牛场应与城镇居民区、生活饮用水源地、动物屠宰加工场所、动物和动物产品集贸市场、养殖场（养殖小区）及主要交通干线（公路、铁路）保持500 m以上的距离，与种畜禽场距离应在1 000 m以上，而与动物隔离场所、无害化处理场则至少相距3 000 m，以满足动物防疫卫生安全要求。

养殖场区布局通常分为生活管理区、生产区、辅助生产区、无害化处理区和隔离区（示意图如下）。生活管理区应布局在场区主导风向的上风向或侧风向，靠近场区入口处，便于日常管理；生产区为肉牛养殖场的核心区域，应位于生活管理区下风

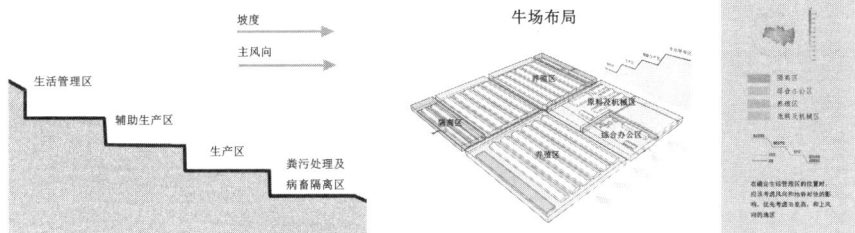

图6-1 牛场建设布局示意图

向并保持至少30 m的距离，两区间需设置绿化带或围墙等隔离设施；牛舍面积需根据养殖规模和饲养工艺而定，牛舍之间保持适当的距离，便于通风、采光和防疫管理。

辅助生产区主要包括草料库、饲料加工调制车间、干草库、青贮窖以及供水、供电、供热和维修设施等，应靠近生产区布置，干草库和青贮窖应设在生产区边缘地势较高的地方，以利于防潮和储存安全。无害化处理区应处于场区主导风向的下风向和地势较低处，设有专用道路与生产区连接，且拥有独立的出入口通向场外。隔离区用于新进牛只的检疫观察和患病牛只的隔离治疗，应位于场区相对独立的位置，并可与无害化处理区平行布局，确保防疫要求得到充分满足。

86.宁夏适合建设哪些类型的肉牛舍？

肉牛舍按照屋顶造型与结构可分为单坡式、双坡式、钟楼式和半钟楼式。按墙体结构分则有全开放式（敞棚）、半开放式、有窗式和无窗式。单坡式牛舍结构简单、造价低廉，适合养殖规模较小的家庭牧场或散养户使用；双坡式牛舍结构稳固、应用广泛，适用于同心县地区各类规模化肉牛养殖场。钟楼式牛舍屋顶设有天窗，通风性能好，但冬季保温效果差，更适合南方温暖湿润地区使用；半钟楼式牛舍虽然通风和采光性能良好，但造价较高，且冬季同样保温效果不理想，适合温暖地区规模较大的牛场。

鉴于同心县属于宁夏中部地区，气候干燥且冬季气温低、风力强，牛舍设计上应侧重冬季防寒保温，推荐采用封闭程度较高的双坡式牛舍或半开放式牛舍结构，墙体可适当加厚或增加保温材料，屋顶可设置透光板或采光带，以充分利用冬季日光采暖，降低取暖成本。同时，牛舍朝向应以南向或东南向为佳，既能避开冬季主导风向，又能最大限度地接受日照，提高舍内温度，确保牛群健康与生产效益。

87. 不同功能与用途牛舍建造时应遵循哪些要求？

肉牛养殖需要根据不同牛舍的功能与用途来进行合理设计。牛舍建造应根据牛只的种类、数量及生长阶段来规划，以确保牛只的舒适性、卫生和管理效率。具体要求如下。

（1）母牛舍 应提供足够的空间，建议采食位和卧栏的比例为1∶1，即每头母牛有足够的活动与休息空间。每头母牛占用牛舍面积为8~10 m^2，运动场面积为20~25 m^2。对于单列式牛舍，跨度应不低于7 m，双列式牛舍则不低于12 m，长度可根据实际牛群数量和场地条件确定。为了保证良好的排水系统，排污沟应向沉淀池方向倾斜，坡度一般为1.0%~1.5%。

（2）产房 应提供安静舒适的环境以确保母牛顺利分娩。

每头犊牛占用2 m²的空间，每头母牛占用8~10 m²，运动场面积为20~25 m²。地面应铺设稻草或类似材料的垫料，以加强保温效果并提高牛只舒适度，特别是在冬季，防寒保暖至关重要。

（3）犊牛舍　犊牛舍的设计应以保障犊牛的生长发育为主，每头犊牛占用3~4 m²的空间，运动场面积建议为5~10 m²。牛舍地面应保持干燥且具备良好的排水性能，防止水分积聚影响犊牛健康。

（4）育肥舍　根据育肥目的的不同，牛场可设有普通育肥舍或高档育肥舍。采食宽度一般为0.75 m/头，每头牛的饲养面积应为6~8 m²，运动场面积为15~20 m²。对于高档育肥，牛舍内部设施应更加精细，提供更好的采食和休息空间，优化牛只的生长环境，提升肉牛的生产性能。

88. 肉牛运动场建造时应遵循哪些要求？

在宁夏地区的肉牛养殖场，运动场的设计与建设对提高肉牛健康和生长性能至关重要。运动场应设在牛舍之间的空地上，一般位于牛舍南侧，或者根据场地条件也可以设置在两侧。具体建造要求如下。

（1）地面要求　运动场的地面应保持干燥，并具有一定的坡度，利于排水。地面材料应选择不易积水、抗压性强的材料，以避免积水引发牛只生病或导致运动受限。适当的坡度（1.0%~2.0%）能确保雨水和污水及时排放，保持运动场的干燥。

（2）设施设置　运动场内应设置补饲槽和饮水池，以确保肉牛在运动期间可以随时补充能量和水分，帮助提高其采食量。

111

特别是在寒冷的冬季，饮水槽应加装保温措施，以防止结冰导致牛只无法饮水。为了保证饮水槽的正常使用，可选择恒温饮水装置或为饮水槽设置加热装置。

（3）围栏设计　运动场的围栏应结实、安全，通常采用钢管围栏，也可以使用水泥柱作为支撑柱。围栏的设计应包括横栏和栏柱，栏杆高度一般为1.2~1.5 m，栏柱之间的间隔为1.5~2.0 m。为了确保结构稳定，栏柱的柱脚应使用水泥包裹，以增强抗风能力，特别是在冬季寒风较大的地区。围栏的设计应确保牛只能够自由运动，不会受到约束，同时又能有效防止牛只逃逸或发生群体冲突。

89. 宁夏肉牛舍应配备哪些基础配套设施？

宁夏同心县肉牛养殖场在设计与建设过程中，需要配备一系列实用性强、结构合理的基础设施与配套设施，以确保肉牛健康生长和生产效率。常见的设施包括颈枷、食槽、饮水设备、青贮池、饲料加工设备、保定架和装牛台，具体要求如下。

（1）颈枷设备　颈枷的设置用于限制牛只自由采食，便于饲喂管理，防止牛只争食草料，减少饲料浪费。根据养殖需求，可选择柱式颈枷或自锁式颈枷。育肥牛舍多采用柱式颈枷，适用于体重300~500 kg的牛，柱距为0.18~0.25 m；繁殖母牛场则建议使用自锁式颈枷，方便单牛操作（如检查、采血、疫苗注射等）。

（2）食槽设置　肉牛舍常用食槽形式包括地面食槽与有槽食槽两种。地面食槽适用于机械化饲喂系统，需设置在牛站立区前端，且高出地面5~15 cm，食槽与牛站立区之间应有挡蹄墙，以防牛只把蹄子伸入食槽；有槽式食槽多用于人工饲喂，且兼作水槽。食槽一般采用砖混结构，表面涂水泥砂浆或铺设水磨石、瓷砖，槽底为圆形，便于清洗。

（3）饮水设备　保障肉牛健康与生长的重要设施。饮水槽宽度一般为40~60 cm，深度0.4 m，水槽高度不超过0.7 m，水深以15~20 cm为宜，每个水槽满足10~30头牛的饮水需求。寒冷地区应选用恒温饮水槽或为水槽加设加热装置，一般水温加热至20℃较为适宜，可选用太阳能加热等方式，以节约用电降低成本。

（4）青贮池　储存青贮饲料的关键设施，常见的类型有半地下式、地下式和地上式。半地下式和地下式青贮池虽节省投资，但排水不如地上式方便。一般青贮池为条形结构，三面为墙，正面敞开，池底应有轻微坡度并设排水沟。青贮池高度通常为2.5~4.0 m，取料深度不低于20 cm，宽度和长度根据牛群规模和地形调整。

（5）饲料加工设备　规模化牛场应配备高效的饲料加工设备，以提高饲料利用效率。常见设备包括TMR全日粮混合搅拌车（固定式或移动式），适用于不同规模的养殖场。另需配备牧草收割打捆机、铡草机、揉搓机、青贮切割机等，用于对饲料的切割、粉碎、混合等处理。

（6）保定架与装牛台　保定架用于固定牛只，便于繁殖管理和日常操作，如疫苗接种和体检。对于繁殖母牛场，配备保定架是必要的。装牛台用于牛只装卸车，装牛台宽度一般为

1.0~1.2 m，出口高度应与运输车的高度一致，确保牛只安全进出。

90. 肉牛场应配备哪些消毒设施？

为有效预防和控制疫病传播，肉牛养殖场应建立完善的消毒设施体系，重点包括以下三类。

（1）消毒池　在牛场入口、牛舍门口等关键通道处必须设置消毒池。消毒池应结构坚固、防渗漏、底部平整，常用消毒剂包括火碱、生石灰、过氧乙酸等。池深一般设为15 cm 左右，以保证鞋底能完全浸入消毒液中。工作人员进入前应先清除鞋底污物，再进入消毒池，确保杀菌彻底。工作鞋在消毒液中应浸泡至少1 min。消毒液应保持清洁、有效，大型牛场（45人以上）建议每天更换一次，以确保消毒效果。

（2）消毒室　应设置在人员出入口处，供进出人员更换工作服、进行清洁与个人消毒。室内应配备紫外线消毒灯（建议安装在2.2 m 以上高度）、洗手池、感应式洗手装置或手消毒等设施。紫外线灯每日定时开启（建议每次不少于30 min），用于空气和物表消毒。条件允许的牛场可增设热风烘干装置，提升卫生效率。

（3）喷雾消毒设施　针对进出牛场的运输车辆，应设置专用车辆喷雾消毒通道，通道内安装高压喷雾装置，自动或手动对车辆轮胎、底盘、车厢等部位进行全方位消毒。对于牛舍内部、饲养设备、饲槽、工具等区域，可使用手持或背负式喷雾器进行日常喷洒消毒，消毒剂可选用过氧化氢、聚维酮碘、季铵盐类等具有广谱杀菌效果的药物，并根据季节和疫病风险进行轮换使用，避免病原菌产生抗药性。

91. 宁夏肉牛养殖应选择拴系还是散养？

肉牛养殖方式应结合养殖场实际情况与牛只不同生长阶段需求进行选择。对于空怀母牛，推荐尽可能采取散养方式，使母牛获得充分的活动空间，有利于提高繁殖性能；妊娠母牛则以小圈散养为宜，如受限于场地条件，也可进行拴系饲养，但需每天定时牵到户外适当运动，以保证母牛体况良好；哺乳期犊牛建议随母牛一同散养，以促进犊牛健康生长和减少发病风险。

在同心县肉牛养殖实践中，生长期犊牛有条件的场户宜采用散养，以利于其骨骼发育、增强体质；若养殖条件受限，采取拴系方式也可，但需注意定期运动和管理，以防止生长受限或肢蹄疾病发生。育肥牛则可根据经济效益和管理要求灵活选择散养或拴系方式。总体来看，散养的肉牛运动充足，体质更强壮、肢蹄病发病率较低，且在当地市场上，散养牛出栏价格通常较拴养牛高出每千克2~3元，但散养方式对设施投入和土地面积的需求较大；而拴系饲养在建筑成本和管理效率方面更具优势，适合土地资源紧缺或资金投入有限的养殖户。

92. 宁夏肉牛舍温湿度与气体环境管理要求有哪些？

在宁夏同心县这样的干旱半干旱地区，肉牛养殖面临着严峻的气候挑战，尤其是冬季寒冷、昼夜温差大，肉牛舍的温湿度和气体环境管理尤为重要。为了确保肉牛的健康生长和高效生产，需要合理控制牛舍内的温度、湿度以及有害气体的浓度。

针对不同生长阶段的肉牛，适宜的温度范围有所不同。育成牛和育肥牛的生产环境温度应保持在 −5~−10℃，确保其在寒冷的冬季能够健康成长。而对于犊牛，其生产环境的温度应不低于0℃，以保障其生长发育，特别是在寒冷季节；对于北方地区尤其是宁夏，冬季温度常低于 −10℃。因此，肉牛舍应加强保温措施，如增加墙体厚度、安装保温窗等，保证牛只免受极端寒冷天气的影响。湿度控制同样至关重要，建议肉牛舍的相对湿度维持在30%~80%，湿度过高（接近80%）会增加低温对肉牛的冷害影响，并且可能促使传染病的传播；通过合理的通风和适当的湿度管理，可以避免湿气对牛只健康造成不良影响。肉牛舍内的空气质量直接影响牛只的健康和生产效率。肉牛舍内的有害气体浓度应严格控制：NH_3浓度应低于15 mg/m³，H_2S浓度应低于8 mg/m³，CO_2浓度应低于1 500 mg/m³。

93. 宁夏肉牛场夏季应如何防暑降温？

宁夏同心县夏季炎热、光照强烈且降水较少，肉牛场应综合考虑多种措施进行防暑降温。首先可采用搭建凉棚或架设遮阳网，降低舍内环境温度；其次，在舍内安装排风扇或喷雾等设备，通过机械通风与喷雾降温相结合，能有效缓解牛舍高温环境。

此外，在牛舍周边及场区内种植乔木或灌木绿化带，可使场区环境温度有效降低10%~20%，林木遮阳效果能够减少太阳辐射50%~90%，而地表草皮能减少地面二次辐射热量约80%，并显著降低空气中细菌含量22%~79%。这种生态绿化措施成本较低、效果持久，特别适合同心县地区缺水干旱的实际条件。

94. 宁夏冬季犊牛应采取哪些保温措施？

宁夏地区冬季气候干燥寒冷，夜间温度常降至零下，且风力较大，犊牛抵抗能力弱，更应做好保温防寒措施。当环境温度低于5℃时，应使用防风性能好、配备加热装置的犊牛岛。可购买成品犊牛岛，也可根据实际条件自行搭建半封闭式围栏，上方安装50~100 W保温灯，使岛（栏）内温度保持在20~25℃。同时，岛内地面铺设柔软、干燥的垫草，厚度约30 cm，以防止犊牛受凉。

犊牛出生后，吃过初乳并完成初期处理程序后，应尽快安置在温暖安静的犊牛岛（栏）中，促进犊牛体表迅速干燥，增强抗寒能力。当地冬季气温极低且防风措施不足时，也建议给犊牛配备保温马甲以提高保温效果。

此外，犊牛舍设计应同时考虑保温与通风的平衡。设施条件较好的养殖场可安装保温灯或搭建暖棚，为犊牛提供局部保暖空间；也可采用暖风机结合风管送风系统，通过精确控制出风口温度和风速，确保犊牛活动区域温暖适宜且空气质量良好。犊牛舍趴卧区域建议安装供暖管道或橡胶加热板，不仅提高犊牛舒适度，还能有效降低腹泻和肺炎的发病率，促进犊牛生长发育和提高日增重。

95. 宁夏围产期母牛越冬管理应采取哪些措施?

在宁夏同心县,冬季气候严寒且风力较强,围产期母牛易受到寒冷环境和营养不足的双重影响,若管理不当,可能导致产后疾病、产犊困难或犊牛活力不足等问题。因此,围产期母牛的越冬管理应重点从营养供给与防寒保暖两方面入手。

在防寒保暖方面,应优先保证产犊牛舍具备良好的保温与防风性能。推荐对墙体和门窗进行密封处理,必要时加装棉帘或双层塑料窗;屋顶可设置透明采光板,充分利用日照升温。条件允许的牛场可配备暖风机、红外加热灯等设备维持舍内温度在适宜范围(5℃以上)。此外,可在牛舍外设立防风墙或植被防护带,减少寒风对母牛的直接侵袭。围产前后应避免突然转群或搬迁,保持环境安静、温暖、干燥,有助于稳定母牛情绪、降低应激反应,从而保障母牛及新生犊牛的健康与成活率。

在日粮管理方面,应根据寒冷环境下能量消耗增加的特点,适当提高日粮能量密度,增加优质粗饲料和精饲料的比例,补充高能量原料如玉米、优质青贮玉米等。同时,确保蛋白质、矿物质以及维生素(特别是维生素 A、E 和 D)的充足供应,以增强母牛免疫力和维持胎儿正常发育。适当补充粗纤维,有助于改善瘤胃功能和整体消化吸收效率;并确保为母牛提供洁净、恒温的饮水,避免饮用冰水引发应激反应。

第七章　肉牛疾病综合防控技术

96. 牛场如何进行生物安全管理？

（1）遵守《中华人民共和国动物防疫法》，按省级兽医主管部门的统一布置和要求，认真做好强制性免疫病种的免疫工作。

（2）在县（区）以上动物疫病预防控制中心的指导下，根据本场实际，制定科学合理的免疫程序，并严格遵守。

（3）严格按场内制定的免疫程序做好其他疫病的免疫接种工作，严格按照不同疫病疫苗免疫接种操作规程开展免疫操作，确保免疫质量。

（4）遵守国家关于生物安全的规定，使用来自合法渠道的合法疫苗产品，不使用试验产品或中试产品。

（5）建立疫苗出入库制度，严格按照要求储运疫苗，确保疫苗的有效性。

（6）按照国家规定对废弃疫苗进行无害化处理，不乱丢乱弃疫苗及疫苗包袋物。

（7）疫苗接种及反应处置由取得合法资质的兽医进行或在其指导下进行。

（8）严格消毒，防止带毒或交叉感染。

（9）疫苗接种后，按规定佩戴免疫标识，并详细记入免疫档案。

（10）当场内的牲畜发生疫病死亡时，必须坚持"五不原则"（不宰杀、不贩运、不买卖、不丢弃、不食用），进行彻底的无害化处理。

（11）当养殖场发生重大动物疫情时，立即上报上级主管部门。

（12）当养殖场的牲畜发生传染病时，一律不允许交易、贩运，就地进行隔离观察和治疗。

（13）发生动物疫情时，必须彻底对圈舍、用具、道路等进行消毒、防止病原传播。

（14）免疫接种人员按国家规定作好个人防护。

（15）定期对主要病种进行抗体效价监测，及时改进免疫计划，完善免疫程序，使本场的免疫工作更科学更有效。

97. 肉牛如何进行日常保健？

（1）常规免疫制度

①疫苗种类

A. 灭活疫苗：借助物理或者化学的方法，将病原体灭活但同时保留其免疫原性而制成的疫苗。该类疫苗具有生物安全系数高、动物免疫水平均一、保存方便等优点，但是灭活疫苗也存在费用高、接种剂量大、需多次接种、接种技术要求高等不足。目前常用于牛养殖场的灭活疫苗有口蹄疫疫苗、牛多杀性巴氏杆菌灭活苗、牛瘟疫苗、伪狂犬疫苗、肉毒梭菌C型菌苗等。灭活疫苗的接种对兽医技术人员要求较高，接种时需做到操作熟练、规范。平时需检测牛群的抗体水平，及时补接疫苗。

B. 弱毒活疫苗：通过物理、化学或生物学方法连续传代使病原微生物的毒力减弱或者是从自然界筛选出来的弱毒株或无毒株所制成的活疫苗。该类疫苗具有免疫效价高、接种剂量低、接种途径多样等优点，但是弱毒活疫苗也存在安全系数低（多次传代可能出现毒力返强）、储藏运输要求高、疫苗互相干扰等缺点。目前常用于牛养殖场的弱毒活疫苗有牛结核疫苗、布鲁氏菌 M5等。

②免疫程序

A. 免疫程序的制定：感染牛群的传染病种类繁多，因此牧场需要多种疫苗来预防对应的疫病。由于这些疫苗的性质及免疫时长不一，为了达到有效控制动物疫病的目的，需要制订科学合理的免疫计划。

免疫程序的制定需要从牧场生产实际出发，充分考虑当地疫病种类、流行情况、严重程度，结合牛群的健康及年龄情况、疫苗特性等因素，制定适合牧场养殖的免疫程序，明确接种疫苗的种类、顺序、时间、接种次数、接种方法、时间间隔等规程和次序。免疫程序一经制定应该严格按照要求执行，并根据免疫监测结果及疫病发展变化不断调整免疫程序。

B. 免疫程序实例

表 7-1　（a）犊牛免疫规程

序号	疫病种类免疫次数		免疫月龄	疫苗、驱虫药种类	剂量	免疫方法	免疫频次	免疫时间	备注
1	口蹄疫	首免	3月龄	口蹄疫A型、O型二价灭活疫苗	2 ml/头	肌内注射	每月1次	每月的1日	
		加强免疫	4月龄	口蹄疫A型、O型二价灭活疫苗	2 ml/头	肌内注射	每月1次	每月的1日	免疫上个月首免的牛
2	口蹄疫	常规免疫	随大群免疫，一年3次	口蹄疫A型、O型二价灭活疫苗	2 ml/头	肌内注射	3次/年	3、7、11月的10—15日	
3	BVD	首免	3月龄	牛病毒性腹泻/黏膜病灭活疫苗	2 ml/头	肌内注射	2次/月	每月的1日	可和口蹄疫同时免疫
		强免	4月龄	牛病毒性腹泻/黏膜病灭活疫苗	2 ml/头	肌内注射	2次/年	每月的1日	可和口蹄疫同时免疫
4	梭菌多联灭活苗		1月龄	梭菌多联灭活苗					根据牛群发病情况制定针对性免疫方案

续表

序号	疫病种类免疫次数	免疫月龄	疫苗、驱虫药种类	剂量	免疫方法	免疫频次	免疫时间	备注
5	焦虫	3月龄以上	牛焦虫疫苗	1 ml	肌内注射	1次/年	3月的25—30日	
6	山羊痘 首免	3月龄以上	山羊痘活疫苗	0.2 ml	皮内注射	1次/年	每逢双月的15日	
7	炭疽	4月龄	II号炭疽芽孢疫苗	0.5 ml/头	皮下或肌内注射	1次/年		

备注：1. 对免疫后抗体水平、消毒效果等进行检测评估；2. 对牧场病牛、死亡牛随时进行临床诊断，或采样进行实验室监测，对问题牛进行疫病监测监控评估，及时应对采取措施

表7-2 （b）成年牛免疫规程

序号	疫病种类免疫次数		免疫月龄	疫苗、驱虫药种类	剂量	免疫方法	免疫频次	免疫时间	备注
1	口蹄疫	常规免疫	9月龄以上	口蹄疫A型、O型二价灭活疫苗	2 ml/头	肌内注射	3次/年	3、7、11月的10—15日	
2	BVD	常规免疫	9月龄以上	IBR/BVD二联苗	2 ml/头	肌内注射	2次/年	3、9月的10—15日	3月可和口蹄疫同时免疫
3	焦虫	常规免疫	3月龄以上	牛焦虫疫苗	1 ml	肌内注射	1次/年	3月的10—15日	
4	牛结节性皮肤病	常规免疫	3月龄以上	山羊痘活疫苗	0.2 ml	皮内注射	1次/年	4月1—5日	
5	炭疽	常规免疫	4月龄以上	Ⅱ号炭疽芽孢疫苗	1 ml/头	皮下注射	1次/年	9月	

备注：对免疫后抗体水平、消毒效果等进行检测评估；对牧场病牛、死亡牛随时进行临床诊断，或采样后进行实验室监测，对问题牛进行疫病监测监控评估，及时应对采取措施

（2）驱虫健胃技术

①驱虫程序的制定：预防性驱虫是根据寄生虫的流行特点，每年在一定的时间给牛服用一定量的驱虫药进行预防驱虫，以保护牛的健康。预防性驱虫要抓住有利时机，才能防止寄生虫的繁殖、扩散，避免造成危害。同时要以危害最严重的寄生虫为对象，并根据寄生虫生活规律和当地流行病的特点确定预防性驱虫时间。一般预防性驱虫，每年两次，牛常定在春末、初冬进行。即春季在3—5月份进行，防止春季寄生虫高潮出现，有利于夏秋季节牛群积累膘情；初冬季在9—11月份进行，有利于牛群冬季保膘和安全越冬度春。在寄生虫病严重地区，可在夏季6—7月份增加驱虫1次。

驱虫后要注意及时清除带寄生虫、虫卵、幼虫的粪便，进行堆积发酵和消毒处理，防止扩散和重复感染。另外，要选择在无螺的草原放牧，尽量避免在低洼潮湿、有螺的地方放牧。还应注意采取药物或其他手段进行灭蜱、灭螺、灭虫，防止牛在放牧时吃进中间宿主（如蚂蚁、地螨等），感染疾病。饲养牛的场所尽量不要养狗，家犬每年应进行2~3次驱虫，以防家犬传播某些寄生虫病。

②驱虫规程实例

表7-3 驱虫规程实例

序号	疫病种类免疫对象		免疫月龄	疫苗、驱虫药种类	剂量	免疫方法	免疫频次	免疫时间	备注
1	线虫	未孕牛	4月龄以上	丙硫咪唑	每千克体重5~10 mg	口服	2次/年	3月、10月10~15日	
		怀孕牛	3月龄以上	阿苯达唑伊维菌素粉	<1.5倍剂量	口服			
		治疗驱虫	有临床表现病牛	丙硫咪唑：驱牛新蛔虫、胃肠线虫、肺线虫。	每千克体重5~10 mg/kg	口服	2次/年	2月底和9月底	
2	吸虫			硫双二氯酚	每千克体重40~60 mg/kg	口服	2次/年	2月底和9月底	
3	绦虫			氯硝柳胺	每千克体重60~70 mg/kg	口服	2次/年	3月初和10月初	

备注：对牧场病牛、死亡牛随时进行临床诊断，或采样后进行实验室监测，对问题牛进行疫病监测监控评估，及时应对采取措施

98. 肉牛体温如何检测与判定？

恒温动物的体温不依赖于外界气温的变化而变化，机体内的产热和散热保持平衡。体温测定用特制的兽用水银体温计，一般以动物的直肠温度为标准。测定方法为动物站立保定，测温前必须用力将体温计水银柱甩至36℃以下。将体温计水银头端涂布润滑液（液状石蜡）后，徐徐插入肛门进入直肠，并用夹子固定于尾根部防止体温计掉落，5 min后取出，用酒精棉球拭净粪便或黏液后读数。亦可采用兽用电子体温计进行体温测定。健康牛体温为38.5~39.5℃，在一天之内会发生生理范围的波动。早晨体温略低，午后略高，一般在24 h内波动幅度不会超过1℃。幼龄动物体温偏高，老龄动物体温偏低。

（1）体温测量误差的常见原因 临床上有时出现体温测量结果与患病动物的全身状况不一致，应对其原因进行分析，以免导致诊断和治疗上的错误。常见的原因：一是测量前未将体温计的水银柱甩至36℃以下，致使测量结果高于实际体温；二是对远道而来的患病动物，应让其休息20~30 min再测定体温，否则体温可能高于正常；三是肛门松弛、冷水灌肠后或体温表插入直肠粪便内，均可导致测定值偏低。

（2）体温的病理性变化及临床意义

①体温升高：指动物体温超过正常范围。见于各种病原体（病毒、细菌、真菌、寄生虫）感染，机体因机械性、物理性、化学性损伤所致的无菌性坏死物质的吸收，某些变态反应性疾病和内分泌代谢障碍性疾病，或各种原因导致的体温调节中枢功能紊乱，均可使体温升高。

②体温降低：指体温低于正常范围下限，临床上多见于严重贫血（如内脏破裂）及休克、多数中毒病（含内毒素血症，但霉菌毒素中毒除外）、严重腹泻、疾病濒死期、脑水肿及肿瘤。此外，见于药物性（退热药、镇静剂及麻醉药过量等）低体温；长时间体温低于36℃，同时伴有发绀、末梢冷厥、高度沉郁或昏迷、心脏衰竭，多提示预后不良。

99. 肉牛鼻部如何进行检查？

检查时首先观察鼻外部形态，然后将动物头略微抬高，使鼻孔对着阳光或人工光源进行检查。用单手法时，一手握笼头，另一手的拇指和中指夹住其外鼻翼并向外拉开，食指将其内鼻翼挑起；用双手法时，由助手保定并抬起动物的头部，检查者分别用两手拉开动物的两侧鼻翼即可。重点检查鼻液、鼻黏膜的状态，健康动物鼻黏膜稍湿润，有光泽，呈淡红色，鼻孔无鼻液流出。

在病理状态下，鼻黏膜潮红可见于鼻卡他、流行性感冒、鼻疽、发热及各种全身疾病；有出血斑点，则见于败血症、血斑病和某些中毒等。

鼻液因炎症的种类和病变的性质而有所不同，一般分浆液性、黏液性、脓性、腐败性和血性。浆液性鼻液可见于急性鼻卡他、流行性感冒等；黏液性鼻液多见于急性上呼吸道感染和支气管炎；脓性鼻液常见于化脓性鼻炎、副鼻窦炎；腐败性鼻液见于坏疽性鼻炎、腐败性支气管炎和肺坏疽；血性鼻液提示肺充血和肺出血；大量浆液性细小泡沫样鼻液提示肺水肿。

100. 肉牛粪便如何观察？

（1）粪便的形状和硬度　健康动物粪便的形状和硬度取决于饲料的种类、含水量、脂肪和纤维素的量，而与饮水量无关。不同种属动物，其粪便的正常形状各异。正常时，牛粪呈叠饼状，含水量约85%，放牧吃青草时呈稠粥状；当腹泻时，粪便稀薄，呈稀粥状，甚至呈水样。当便秘时，粪便干硬而色暗；病程较长的便秘，粪便可呈算盘珠状。

（2）粪便的颜色　粪便的颜色因饲料种类及有无异常混合物而不同。放牧或喂青草时，粪呈暗绿色；舍饲喂稻草、谷草、小麦秆（糠）时，为黄褐色。常见的粪便颜色病理变化：当前部肠管或胃出血时，粪便呈褐色或黑色（沥青样便）；后部肠管出血时，血液附着在粪便表面而呈红色；阻塞性黄疸时，粪呈淡黏土色（灰白色）；犊牛白痢时，粪呈白色糨糊状。此外，在治疗疾病时，内服药物对粪便的颜色也有影响，如内服铁剂、铋剂、木炭末时，粪便呈黑色，内服白陶土时，粪便呈白色。

（3）气味　一般健康草食动物的粪便无恶臭气味。当肠内容物发酵过程占优势时，粪便呈现酸臭味，见于酸性肠卡他、幼畜单纯性消化不良等；当肠内容物腐败过程占优势时，粪便呈现腐败臭味，见丁碱性肠卡他、幼畜中毒性消化不良等；在黏液膜性肠炎、急性结肠炎、犊牛白痢时粪便呈现腥臭味。

（4）粪便的异常混杂物　健康动物的粪便表面有黏液薄层，使粪便表面具有特别的光泽。病理情况下，粪便中常见的混杂物有以下几种。

①黏液量增多：见于胃肠卡他、肠阻塞、肠套叠等。

②黏液膜：见于黏液膜性肠炎，患病动物排灰白色或黄白色黏液膜片或排索状及管状黏液膜；牛排出的黏液膜中，短的约有20 cm，长的超过8 m。

③伪膜：伪膜由纤维蛋白、脱落的上皮细胞和坏死的白细胞组成，见于纤维素性坏死性肠炎。

④血液：见于胃肠道出血性疾病。

⑤脓液：见于直肠有化脓灶或肠脓肿破裂。此外，牛粪便中可见到各种小金属片、破布、塑料薄膜碎片等，有时在粪中还可发现寄生虫，如蛔虫、毛首线虫等。

101. 肉牛难产如何救助？

难产是指各种原因引起的分娩的第一阶段（宫颈开张期），尤其是第二阶段（胎儿排出期）如明显延长，不进行助产，则母体难以或无法排出胎儿的产科疾病。胎儿与骨盆大小不适引起的难产最为常见，尤其是初产牛发病率最高。救助难产时，可选用的助产手术大致可分为两类，一类用于胎儿，另一类用于母体。

（1）用于胎儿的手术　主要有牵引术、矫正术和截胎术。牵引术是救治难产最常用的助产手术，主要适应证：子宫迟缓，胎儿尚未进入骨盆腔，而母畜仍在努责时；胎儿过大而不进行助产难于排出时；产道被肿瘤、脂肪阻塞时；胎儿倒生，为防止脐带受压而引起胎儿死亡时；多胎动物子宫中仅剩1~2个胎儿，又很可能发生继发性子宫迟缓等情况时。当胎儿出生时体位发生异常时，或多胎动物，即使胎儿的四肢屈曲或折叠于体侧或体下，则由于四肢均较短且易弯曲，此时必须先进行矫正。难产时，若无法矫正拉出胎儿，又不能或不宜施行剖宫产，此时通过缩小胎儿体积而肢解或除去胎儿身体某部分并分别取出的手术称为截胎术。

（2）用于母体的手术　救治难产时，可用于母体的手术主要有剖宫产术、外阴切开术、子宫切除术等。

救治难产时，如果无法矫正胎儿或施以截胎术，即可采用剖宫产。剖宫产的优点：如果病例选择恰当且及早进行，不但可以挽救母畜生命，而且能够保持其生产能力（使役、泌乳、产毛等）和繁殖能力，甚至也可同时挽救母子性命，因此是一种重要的助产手术。外阴切开术是救治难产，尤其是青年母牛难产时，为了避免会阴撕裂而采用的一种简单方法；在救治难产时，如果发现胎头已经露出了阴门，牵引胎儿时可能会引起会阴撕裂，此时可施行外阴切开术。子宫切除术主要适用于由于难产历时已久，子宫壁已经损伤或破裂时；助产手术使用不当，或不慎引起子宫破裂时；胎儿气肿，子宫壁十分紧张且发生感染时；子宫捻转难以矫正而使子宫的血液循环严重受阻时；各种原因引起的严重子宫感染，子宫脱出无法送回时。

102. 生产瘫痪主要出现什么临床症状？

生产瘫痪亦称乳热症或低钙血症，是母畜分娩前后突然发生的一种急性钙缺乏性代谢性疾病。其特征是低血钙、骨骼肌、心肌及平滑肌逐渐丧失功能，导致全身肌肉无力、知觉丧失及四肢瘫痪。

生产瘫痪的病程发展很快，从开始发病至出现典型症状，整个过程不超过12 h。病初通常表现为食欲减退或废绝，反刍、瘤胃蠕动减弱或停止，排粪排尿减少，泌乳量降低；精神沉郁，表现轻度不安；不愿走动，后肢交替负重；后躯摇摆，好似站立不稳，四肢（或身体其他部分）肌肉震颤。之后1~2 h内，病畜即出现瘫痪症状，后肢不能站立，虽然一再挣扎，但仍难站立。由于挣扎用力，病畜全身出汗，颈部尤多，肌肉颤抖。不久，出现意识抑制和知觉丧失的特征症状。

103. 怎样观察牛咳嗽？

健康牛通常不咳嗽，或仅发一两声咳嗽。如连续多次咳嗽，常为病态。通常将咳嗽分为干咳、湿咳和痛咳。干咳，声音清脆，短而干，疼痛比较明显；干咳常见于喉炎、气管异物、气管炎、慢性支气管炎、胸膜肺炎和肺结核病。湿咳，声音湿而长、钝浊，随咳嗽从鼻孔流出大量鼻液；湿咳常见于咽喉炎、支气管炎、支气管肺炎。痛咳，咳嗽时声音短而弱，病牛伸颈摇头；痛咳见于呼吸道异物、异物性肺炎、急性喉炎、胸膜炎、创伤性网胃炎、创伤性心包炎等。此外，还可见经常性咳嗽，即咳嗽持续时间长，常见于肺结核病和慢性支气管炎。

104. 怎样观察牛反刍？

健康牛一般在喂后0.5~1.0 h开始反刍，通常在安静或休息状态下进行，观察牛颈部可见食团逆呕进口腔，每个返回口腔的食团咀嚼30~50次，每昼夜反刍4~10次，每次持续20~40 min，有时到1 h，检查反刍时应注意采食后反刍出现的时间、每次反刍持续的时间、每一个食团咀嚼的次数及一昼夜内反刍的周期性次数。

105. 怎样检查牛的呼吸方式？

健康牛的呼吸方式呈胸腹式，即呼吸时胸壁和腹壁的运动强度基本相等。检查牛的呼吸方式，应注意牛的胸部和腹部起伏动作的协调和强度。如出现胸式呼吸，即胸壁的起伏动作特别明显，多见于急性瘤胃臌气、急性创伤性心包炎、急性腹膜炎、腹腔大量积液等；如出现腹式呼吸，即腹壁的起伏动作特别明显，常提示病变在胸壁，多见于急性胸膜炎、胸膜肺炎、胸腔大量积液、心包炎及肋骨骨折、慢性肺气肿等。

106. 怎样观察牛鼻液是否正常？

鼻液是鼻腔黏膜分泌的少量浆液和黏液。健康牛有少量的鼻液，并常用舌头舔掉，从外表看不见或仅能看见少量。如见较多鼻液流出则可能为病态，检查鼻液时，应注意其液量、性状、气味、黏稠度及有无混杂物。通常可见浆液性鼻液（见于呼吸道黏膜炎症的初期，如鼻炎、流感）、黏液性鼻液（见于呼吸道黏膜炎症的中期或中后期，为卡他性炎症的特征）、脓性鼻液（呼吸道黏膜炎症的后期，为化脓性炎症的特征，如化脓性鼻炎、额窦炎、开放性鼻疽等）、血性鼻液（颜色鲜红，常提示鼻出血；粉红色或鲜红色而混有多量小气泡，提示肺充血、出血；脓性鼻液中混有血液，见于严重的鼻炎、鼻窦炎、肺脓肿、异物性肺炎等；在炭疽、某些中毒病时，也可见血性鼻液）、铁锈色鼻液（为大叶性肺炎红色肝变期和传染性胸膜肺炎的特征）。鼻液仅从一侧鼻孔流出，见于单侧的鼻炎、副鼻窦炎。

107. 怎样检查牛的口腔及注意事项？

进行牛的口腔检查，用一只手的拇指和食指，从两侧鼻孔捏住鼻中隔并向上提，同时用另一只手握住舌并拉出口腔外，即可对牛的口腔全面观察。健康牛口黏膜为粉红色，有光泽。口黏膜有水疱，常见于水疱性口炎和口蹄疫。口腔过分湿润或大量流涎，常见于口炎、咽炎、食道梗塞、某些中毒性疾病和口蹄疫。口腔干燥，见于热性病，长期腹泻等。当牛食欲下降或废绝，或患有口腔疾病时，口腔内常发出异常的臭味。当患有热性病及胃肠炎时，舌苔常呈灰白或灰黄色。

108. 怎样看牛排粪是否正常？

正常牛在排粪时，背部微弓起，后肢稍微开张并略往前伸。每天排粪10~18次。排粪带痛，在排粪时表现疼痛不安，弓腰努责，常见于腹膜炎、直肠损伤和创伤性网胃炎等。牛不断地做排粪动作，但排不出粪或仅排出很少量，见于直肠炎。病牛不采取排粪姿势，就不自主地排出粪便，见于持续性腹泻和腰荐部脊髓损伤。排粪次数增多，不断排出粥样或水样便，即为腹泻，见于肠炎、肠结核、副结核及犊牛副伤寒等。排粪次数减少、排粪量减少，粪便干硬、色暗，外表有黏液，见于便秘、前胃病和热性病等。

109. 怎样给牛进行皮下注射?

皮下注射是将药液注于皮下组织内，一般经5~10 min起作用。一般选择在颈侧或肩胛后方的胸侧皮肤进行注射。注射前，剪毛消毒，一只手提起皮肤呈三角形，另一只手持注射器，沿三角形基部刺入皮下，进针2~3 cm，抽动活塞，不见回血，就可推注药液。注完药液后迅速拔出针头，局部以碘酊或酒精棉球压迫针孔。

110. 怎样给牛进行肌内注射?

肌内注射是将药液注于肌肉组织中，一般选择在肌肉丰富的臀部和颈部。注射前，剪毛消毒，然后将针头垂直刺入肌肉适当深度，接上注射器，回抽活塞无回血即可注入药液。注射后拔出针头，注射部位涂以碘酊或酒精。注意：在注射时不要把针头全部刺入肌肉内，深度一般为3~5 cm，以免针头折断时不易取出。过强的刺激药，如水合氯醛、氯化钙、水杨酸钠等，不能进行肌内注射。

111. 怎样给牛进行静脉注射?

静脉注射多选在颈沟上1/3和中1/3交界处的颈静脉血管。必要时也可选乳静脉进行注射。注射前，局部剪毛消毒，排尽注射器或输液管中气体。以左手按压近心端，使血管怒张，右手持针，在按压点上方约2 cm处，垂直刺入静脉内，见回血后，将针头继续沿血管方向推进1~2 cm，接上针筒或输液管，用手扶持或用夹子将输液管固定在颈部，缓缓注入药液。注射完毕，迅速拔出针头，用棉球压住针孔止血。注射时，对牛要确实保定，注入大量药液时速度要慢，以每分钟30~60滴为宜，一定要排净注射器或输液管中的空气。注射刺激性的药液时不能漏到血管外。

112. 怎样进行牛炭疽病的诊断与防治？

（1）病因分析　该病是由炭疽杆菌引起的传染病，常呈败血性。本病的传染源是病畜和其他带菌动物，属人兽共患病。细菌在不良条件下可形成芽孢，在土壤、牧场中的芽孢可存活50年以上。因此，被病原污染的土壤、牧场可成为永久性疫源地。夏季雨水多时，将病畜遗骸冲出，引起本病在一定范围内散发或流行。牛炭疽主要经消化道感染，吸血昆虫叮咬也可播散，动物产品如羊毛、皮张上的炭疽芽孢飘浮在空气中，也可引起吸入性感染。

（2）临床症状　潜伏期1~5 d。根据病程，可分为最急性型、急性型和亚急性型。①最急性型：病牛突然昏迷、倒地，呼吸困难，黏膜青紫色，天然孔出血。病程为数分钟至几小时。②急性型：体温达42℃，少食，呼吸加快，反刍停止，产奶减少，孕牛可流产。病情严重时，病牛惊恐、哞叫，后变得沉郁，呼吸困难，肌肉震颤，步态不稳，黏膜青紫。初便秘，后可腹泻、便血，有血尿。天然孔出血，抽搐痉挛。病程一般1~2 d。

③亚急性型：病牛在皮肤、直肠或口腔黏膜出现局部的炎性水肿，初期硬，有热痛，后变冷而无痛。病程为数天至1周以上。

（3）防治方法　经常发生炭疽的地区，应进行预防注射；未发生过本病的地区在引进牛时要严格检疫，严禁引进病牛；病牛尸体要焚烧、深埋，严禁食用；对病牛污染环境可用20% 漂白粉彻底消毒；疫区应封锁，疫情完全消灭后14 d 才能解除。

113. 怎样进行牛恶性水肿的诊断与防治？

（1）病因分析　该病是由梭菌属病菌引起的一种急性、热性、创伤性传染病。病原主要是腐败梭菌，该菌在自然界分布广泛，土壤、动物消化道都有存在，可在体外形成芽孢。各种年龄、性别、品种的牛都可发病，常发生于分娩、去势、外伤之后，呈散发性流行。

（2）临床症状　潜伏期1~5 d，在创伤周围发生水肿，发病初期坚实热痛，后期变柔软且无热痛，按压有捻发音。切开患部有红棕色液体流出，混有气泡，有腐臭味。严重者全身发热，呼吸困难，脉搏细而快，可视黏膜充血、发绀，有时腹泻。由分娩受伤感染者，阴户水肿，阴道出血，流出带有臭味的褐色液体；肿胀迅速波及会阴、乳房、下腹乃至股部，此时患牛运动障碍，垂头拱背，呻吟，通常经2~3 d 死亡。

（3）防治方法　主要是平时注意防止外伤，一旦发生外伤要及时清创与消毒。发生本病时，应隔离治疗，早期对患部进行冷敷，后期可手术切开，消除腐败组织和渗出液，用1%~2%高锰酸钾水或3% 双氧水充分冲洗，然后撒上磺胺粉，必要时用浸有双氧水的纱布引流，并于病健交界处皮下注射3%双氧水（过氧化氢），同时肌内注射青霉素、链霉素。污染的圈舍和场地随时用10%漂白粉或3%火碱（氢氧化钠）溶液消毒，烧毁粪便和垫草，治疗时要做好个人防护。

114. 怎样进行牛气肿疽的诊断与防治？

（1）病因分析　该病俗称"黑腿病"，是由气肿疽梭菌引起牛的急性、热性、败血性传染病。以肌肉丰满的部位（尤其是股部）发生黑色的气性肿胀，按压有稔发音为特征。该病在自然情况下主要侵害黄牛，尤其2岁以内的小牛更多发，病牛是主要传染源。健康牛主要是采食了含有大量气肿疽梭菌芽孢的土壤、草料和饮水经消化道感染，皮肤创伤和吸血昆虫叮咬也能传播。

（2）临床症状　潜伏期3~5 d。常突然发病，体温升高到41~42℃。精神沉郁，食欲废绝，反刍停止，出现跛行，不久在臀、肩等肌肉丰满的部位发生气性炎性水肿，并迅速向四周扩散。发病初期有热痛，后期变冷且无知觉，皮肤干燥、紧张、紫黑色，叩之如鼓，压之有捻发音；肿胀部破溃或切开后，流出污红色带泡沫的酸臭液体。呼吸困难，脉搏细速。随着病情加重，全身症状恶化，如不及时治疗，最后卧地不起死亡。病程多为1~2 d。

（3）治疗方法　该病发病急、病程短，必须及早治疗，并大剂量使用抗菌药物，才能见效。常用方法有如下几种：①青霉素肌内注射，每次200万 IU，每日2~4次。②早期在水肿部位的周围，分点注射3%双氧水或者0.25%普鲁卡因青霉素。也可以用1%~2%的高锰酸钾溶液适量注射。③静脉注射四环素2~3 g，溶于5%葡萄糖液1 000~1 200 ml，分2次注射，每天2次。④10%磺胺噻唑钠100~200 ml，静脉注射。⑤10%磺胺二甲基嘧啶钠注射液100~200 ml，静脉注射，每天1次。⑥病程中、后期，把水肿部切开，剔除坏死组织，用2%高锰酸钾溶液或3%双氧水充分冲洗，或者用上述药物在水肿部位周围分点注射。⑦如配合静脉注射抗气肿疽血清，效果更好。抗气肿疽血清的用量是一次注射150~200 ml。⑧可根据全身状况，对症治疗，如解毒、强心、补液等。

（4）预防方法 ①在近3年内发生过牛气肿疽的地区，每年春、秋季节都要接种气肿疽明矾菌苗或者接种气肿疽甲醛苗，无论大、小牛一律皮下注射5 ml，小牛长到6个月时再加强免疫一次，仍皮下注射5 ml。②一旦发生本病，要对牛群逐头进行检查，对病牛或者可疑牛都要就地隔离治疗。而对其他牛则要及时接种气肿疽明矾菌苗或者气肿疽甲醛苗。③对发病区的正常牛用抗气肿疽血清或者抗生素进行预防治疗。④病死的牛不准食用，要同被污染的粪、尿、垫草、垫土等一起烧毁或者深埋。⑤病牛舍及场地要用20%的漂白粉溶液或者3%的福尔马林（甲醛）溶液消毒。

115. 怎样进行牛钱癣的诊断与防治？

（1）病因分析 牛钱癣病主要是由毛癣菌属或小孢子菌属的真菌引起的一种皮肤真菌感染传染病，又称脱毛癣、秃毛、匐行疹和皮肤霉菌病。多发生在冬、春两季，成年牛和牛犊均可感染此病，尤其是一岁以内的犊牛感染率更高。本菌可依附于牛体上，停留在环境或生存于土壤之中，主要通过患病牛与健康牛之间直接接触传染，也能经饲槽、牛栏、刷拭用具、饲养人员等间接传播。群饲牛只之间相互摩擦，牛只摩擦颈夹、水槽、牛栏等，或蚊虫叮咬从损伤的皮肤发生感染。气候变化太大、牛舍通风不良、畜体不洁、牛只营养不良导致抵抗力下降、外伤等均利于本病传播。

（2）临床症状　成年牛多发生于头、颈、颜面部，其次为胸、背、臀、乳房、会阴等处。犊牛多发于口腔周围、眼眶、耳朵附近，以及颈、躯干等处；严重者可扩展到全身各处。患部最初发生粟粒大的结节，表面覆盖鳞屑，以后逐渐扩大，呈隆起的圆斑，形成灰白色石棉状痂块，痂上残留少量的断毛；癣痂小的如铜钱，大者如核桃或更大；眼睛周围的小病灶常常融合在一起形成大病灶，即所谓的"眼镜框"现象。由于覆盖层痂皮增厚，像贴在面部的面团，即所谓的"面团嘴脸"也是该病的主要临床特征。在发病早期和晚期都会出现剧痒，并伴有触痛感。患畜常表现出不安，在围栏上摩擦、常引起皮下出血，食欲减退、逐渐消瘦、贫血以致死亡。

（3）防治方法　主要是加强饲养管理，改善卫生状况，适当降低舍饲密度。发现病牛，立即隔离，其他牛进行检疫。环境要彻底消毒，圈舍可用2%热氢氧化钠、0.5%过氧乙酸、3%来苏儿等喷洒或熏蒸。治疗，局部剪毛，用温水或肥皂水洗净病变处，除去痂块，用抗真菌药物或软膏治疗。如硫酸铜255 g和凡士林油75 g，混合制成软膏，每5 d涂擦一次，两次即有效。

此外，还可用10%萘软膏、萘酚软膏、焦油软膏，或10%碘酊外用，治疗效果也不错，一般2~3周可治愈。

116. 怎样进行牛螨病的诊断与防治？

（1）病因分析　该病又称疥癣，俗称癞病，是由几种螨虫寄生在牛的皮肤上引起的一种慢性皮肤病。螨虫包括疥螨、痒螨和足螨。螨病主要是通过病牛和健康牛直接接触传播的，也可通过被螨或虫卵污染的圈舍、用具，造成间接接触感染。饲养员、牧工、兽医等人的衣服和手，也可能引起螨病的传播。本病主要发生于秋末、冬季和初春，因为这段时间日照不足，尤其是阴雨天气，圈舍潮湿，导致体表湿度增大，加上这个时期牛毛比较密，很适合螨的发育和繁殖。夏季牛毛大量脱落，皮肤受日光照射，比较干燥，螨大部分死亡，只有少数潜伏下来；到了秋季，随气候的变化，螨重新活跃，不但引起症状的复发，而且成为最危险的传染来源。

（2）临床症状　主要症状为剧痒，脱毛，皮肤发炎，形成痂皮、脱屑，重症者常消瘦。疥螨多发生在面部、颈部、背部、尾根等处，严重的可波及全身；皮肤发红变厚，出现丘疹、水疱，继发细菌感染可形成脓疱，严重感染时病牛消瘦，在颈部和肋部形成龟裂，皮肤干燥，脱屑；少数患病的犊牛可因食欲丧失，衰竭而死亡。痒螨多寄生于颈部、角根部、尾根，可蔓延到垂肉和肩胛两侧，严重时波及全身；患病部位大片脱毛，皮肤形成水疱、脓疱，结痂。由于淋巴液、组织液的渗出，加上动物相互啃咬，使患病部位潮湿；在冬季早晨，患部结有一层白霜，非常醒目；严重感染时，特别是幼犊感染时，往往引起死亡。足螨主要寄生于尾根、肛门附近及蹄部；诊断，对有明显症状的螨病，根据发病季节、剧痒、患部皮肤的变化等可作出初步诊断；在皮肤发病和健康交界处刮取皮屑，检查到虫体，即可确诊。

（3）治疗方法　对患病部位要剪毛去痂，彻底洗净，再涂擦药物。可用敌百虫配制成0.5%~1.0%的水溶液来涂擦患部，一周后再涂1次。也可选用蝇毒磷（浓度为0.025%~0.050%）、螨净（浓度0.025%）、双甲脒（浓度0.05%）、溴氰菊酯（浓度0.05%）进行药液喷洒和涂擦。此外，还可用2%碘硝酚注射液，每千克体重10 mg，皮下注射。虫克星注射液和1%的伊维菌素注射液，均为每千克体重0.02 mg，皮下注射。

（4）防治方法　一是牛圈要宽敞、干燥、透光，通风良好，不要使牛群过于密集。圈舍要经常清扫，定期消毒。饲养管理用具亦要定期消毒。二是要经常注意观察，发现有发痒、掉毛现象的牛，应及时挑出进行检查和治疗。治愈的牛应隔离观察20 d，如未复发，用药涂擦后，方可合群。三是购入牛时，应事先了解有无螨病存在；引入后应详细作螨病检查。最好先隔离观察一段时间（15~20 d），确无螨病症状后，方可经杀螨药喷洒后并入牛群中。

117. 怎样进行牛创伤的诊断与防治？

（1）病因分析　创伤是外力引起皮肤、黏膜和深部软组织的损伤，有伤口。致病原因很多，如钉子、铁丝刺入组织引起刺伤，镰刀、锄、玻璃引起切伤，牛角、木桩、牛栏上铁丝引起撕裂伤，斧头、砍刀引起砍伤，房屋、牛棚倒塌造成压创等。

（2）临床症状　新鲜创伤有破皮、肌肉损伤、出血和疼痛，创口多被尘土、粪、草等异物污染。化脓感染创，脓汁黏稠、淡绿色、黄绿色，呈奶油样流出，附于创面或在创口周围皮肤上形成痂皮。随着脓汁排出，在创内可见到淡粉色的新生肉芽形成。

（3）治疗方法　对新鲜创，用0.1%高锰酸钾液反复冲洗伤口，除去创内异物，洗净后用湿消毒棉球擦干创口，然后撒布磺胺粉或呋喃西林粉，或碘仿磺胺粉。创口较小的，不必缝合；创口较大的，可在洗净、修整创缘后进行结节缝合，根据情况装上绷带。化脓感染创可用0.1%高锰酸钾液、3%双氧水冲洗创口，在创内撒布抗生素类药品。当创口化脓停止，肉芽形成后，可用磺胺鱼肝油乳剂、紫药水（甲紫）、松碘油膏涂布。当创口受厌氧菌感染，发生气性肿时，应及时扩创。患牛体温升高，食欲废绝时，静脉注射5%葡萄糖1 500 ml，5%碳酸氢钠液500 ml和抗生素，防止发生败血症和酸中毒。

118. 怎样进行牛维生素A缺乏症的诊断与防治？

（1）病因分析　饲料中维生素A或胡萝卜素长期缺乏或不足是原发性病因，饲料收割、加工、储存不当，如有氧条件下长时间高温处理或烈日暴晒饲料以及存放过久、陈旧变质，其中胡萝卜素受到破坏，长期饲用便可致病。

（2）临床症状　食欲缺乏，消化不良。幼年牛生长缓慢，发育不良，增重低下；成年牛营养不良，衰弱乏力，生产性能低下。夜盲症是早期症状之一，特别是在犊牛，当其他症状都不明显的时候，早晨、傍晚或月光下光线朦胧时，盲目前进，行动迟缓，碰撞障碍物。患病动物皮肤干燥，被毛蓬乱无光，掉毛，蹄表干燥。公牛精子活力下降，青年公牛睾丸显著小于正常牛；母牛发情紊乱，受胎率下降，胎儿吸收、流产、早产、死产。

（3）治疗方法　对于患维生素 A 缺乏的动物，首先查明病因，积极治疗原发病，同时改善饲养管理，加强护理。立即更换饲料，饲喂全价饲料，多喂富含维生素 A 或胡萝卜素的饲料，提供优质青草或干草、胡萝卜、青贮料、黄玉米等；内服鱼肝油，成年牛5~10 ml，犊牛2~5 ml，每天一次，连续数天。或用维生素 A 注射液，肌内注射每千克体重5万 ~10万 IU，每天一次，连续5~10 d。

（4）预防方法　主要是合理配合日粮，加强饲料保存，保证饲料中有足够胡萝卜素含量。注意：肝脏疾病和胃肠疾病的预防和治疗；对妊娠母牛要适当运动，多晒太阳。

119. 怎样进行牛佝偻病的诊断与防治？

（1）病因分析　佝偻病是指新生犊牛骨骼在钙化过程中，由于缺乏维生素 D 和矿物质而造成骨组织形成钙化不全、软骨肥大以及骨骺增大，是一种全身性矿物质代谢疾病。该病主要是母牛饲养管理水平过低引起的，如饲料搭配不当或者饲喂量不足造成妊娠母畜维生素 D 或钙、磷供给不足，导致胎儿在母体内无法获取足够的钙，进而影响胎儿骨组织的正常发育，则此时的小牛出生时即患有佝偻病。母牛在哺乳期严重缺乏青饲料或者在日粮中没有添加充足的维生素 D，同时长时间采取封闭舍饲，会导致乳汁中维生素 D 含量不足，使哺乳犊牛无法通过吮乳获取所需的维生素 D；犊牛缺少光照或者饲喂光照时间较短的草料也会导致体内维生素 D 的生成受到抑制，从而造成后天性佝偻病。

（2）临床症状　先天性发病犊牛于出生后不能起立，严重者两前肢趴开；精神沉郁，身体衰弱，拱背，站立时四肢弯曲；两侧的下颌骨、腕关节或飞节大小不一致且不对称。患后天性佝偻病犊牛发病初期精神沉郁，食欲逐渐减退、喜卧、行动迟缓、逐渐消瘦、被毛粗乱；常发生异嗜，导致胃肠功能紊乱，营养不良。肢体软弱无力，站立时四肢频频交换负重，两前肢腕关节向外侧方突出，呈"O"形弯曲；严重者后肢常呈"八"字形分开，走路时容易跌倒，关节肿大，胸廓狭窄，胸骨呈舟状突起而形成鸡胸。牙齿发育不良，排列不整，形成波状齿。脊柱弯曲，肋骨与肋软骨结合部肿大如串珠状。对病死的犊牛进行剖检可见骨端、关节肿大、变形，质度软，骨钙化不全。

（3）治疗方法　改善饲养管理，给予骨粉及富含维生素 D 的饲料，适当运动，多晒太阳。药物治疗主要是补充维生素 D 和钙，可用鱼肝油10~15 ml 内服，每天一次，发生腹泻时停止服用；骨化醇40万~80万 IU 肌内注射，每周一次；或用维生素 D_2 胶性钙液1~4 ml，皮下或肌内注射，每天一次；或用乳酸钙5~10 g 内服，每天一次；10% 氯化钙5~10 ml 或10% 葡萄糖酸钙

10~20 ml，静脉注射，每天一次。

（4）预防方法　本病的预防主要加强对妊娠牛和哺乳牛的饲养管理，经常补充维生素 D 和钙，多给予青绿饲料，多运动，多晒太阳。同时，保证犊牛对钙、磷和维生素的需求，犊牛要经常运动，扩大犊牛的活动范围，多晒太阳；犊牛断乳后要多给予良好的青干草和多汁鲜嫩的青草，并添加骨粉和多种维生素；及时治疗胃肠道疾病，定期驱虫。另外，要保持牛舍的清洁卫生，为犊牛的生长发育提供良好的环境。

120. 怎样进行牛口炎的诊断和防治？

（1）病因分析　牛口炎又叫牛口疮，主要是牛口腔内舌、齿龈和腭等部位黏膜的炎症性疾病。当牛采食了较粗硬饲料或者带刺的饲草，或者饲料不清洁、饲草中混有尖锐的异物，或者动物本身牙齿磨面不整齐，如斜齿、锐齿和剪状齿等都可能刺伤口腔黏膜，从而引发感染。其次当牛误食了具有刺激性或腐蚀性的化学物质，如强酸、强碱、氨水或有毒物质等，或误食高浓度有刺激性的药物，饲料缺乏维生素或某些微量元素、霉败饲料等都可能引起口腔黏膜炎症病变。此外，一些传染性因素也会引起牛的口腔疾病，如坏死杆菌、流行热病菌和水疱性口炎及某些病毒感染，如口蹄疫和牛病毒性腹泻、黏膜病等也会引起。

（2）临床症状　病牛初期表现为采食和咀嚼异常，缓慢或不敢咀嚼，喜食柔软的饲料，拒食粗硬饲料，采食后稍加咀嚼就将草团吐出，并流口水；口腔黏膜红肿，口腔内温度升高，舌面常有灰白或灰黄舌苔，个别病牛口内两侧颊部或者舌下积有白色泡沫和草团；经过数日后，在唇内、口角、齿龈、舌带以及舌的侧面出现混有淡黄色浆液的水疱，水疱破溃后形成边缘不整齐的鲜红色糜烂面，口腔有恶臭，口角流涎增多。之后口腔黏膜发生溃烂和坏死，形成较大面积的糜烂，周围呈紫红色肿胀，流出灰色污浊的恶臭黏液，有时混有少量血丝。齿龈出血，个别病牛颌下淋巴结有轻微的肿胀，并且出现全身症状，体温升高达42℃，精神不振、嗜睡。

（3）治疗方法　如因异物造成口腔损伤，饲料粗硬，则要去除口腔中的异物，喂给柔软易消化的饲料，患病初期可采用0.1%高锰酸钾、2%~4%硼酸溶液冲洗口腔。若是口周围有水疱，则主要由感染因素引起，进行全场消毒，隔离治疗。可采用0.1%高锰酸钾、2%~4%硼酸溶液或明矾水在冲洗病牛口腔的基础上，采用碘甘油或10%磺胺甘油乳剂涂抹于糜烂和溃疡面；体温升高，有全身症状的病例使用抗生素类药物及抗炎药物进行全身性治疗。具体用药方法及用药措施请咨询当地兽医。

（4）预防方法　加强饲草监管，确保饲喂草料的洁净、卫生，严禁饲喂腐败变质的草料或饲喂有刺激性的草料，合理调整饲料，确保营养全面；加强化学物质和药物的监管，防止牛偷食。日常注意保持牛舍清洁卫生，做好牛只病齿修复工作；同时加强疫病检疫，特别是一些传染性口炎，一经发现立即隔离治疗。此外，针对当地疾病流行情况，定期注射相关口蹄疫疫苗预防疾病发生。

121. 怎样进行牛中暑的诊断与防治？

（1）病因分析　当牛长时间在闷热的高温环境下，如牛舍通风不良等引起牛的体温调节机能下降，机体产热多散热少，造成机体过热发高烧，引起中枢神经机能紊乱而发生中暑，这种中暑也叫热射病。该病主要与外界环境温度过高、圈舍不通风、闷热潮湿，牛饮水不足有关。患病牛最初出现神情倦怠、疲劳、昏昏欲睡的状态，之后患病牛体温升高达41~42℃，皮肤温度也同时升高，甚至还烫手；病牛张口伸舌，全身出汗，鼻孔开张，呼吸急促。严重病例，从口腔里面流出泡沫样物，两侧鼻孔也流出淡红色或粉红色泡沫状鼻液，眼结膜充血潮红，患病牛张口喘气。若不及时治疗后期病畜呈昏迷状态，意识丧失，引起死亡，临死前有的牛体温降低。

牛还有一种中暑，叫作日射病。这种情况是由于牛长途运输、长期在烈日下使役、驱赶或奔跑时，头部受到强烈的日光照射，引起头部充血、水肿等引起脑中枢神经功能障碍所致。患病动物表现为兴奋和狂躁不安，体温升高，全身出汗，喘气；严重病例后期瞳孔散大，皮肤、角膜、肛门反射减退或消失，发生剧烈的抽搐而迅速死亡。发生中暑死亡牛的脑及脑膜高度淤血，脑组织水肿，脑脊液增多，肺充血、水肿，胸膜、心包膜以及胃肠道黏膜都有出血点。

（2）治疗方法　立即打开圈舍门窗，开换气扇对圈舍进行通风、降温处理；不断用冷水浇洒患病牛的头部和全身，或者进行冷水灌肠，头部放置冰袋，亦可用酒精擦拭体表。心功能不全者皮下注射20% 安钠咖强心剂10~20 ml，若牛烦躁不安可灌服或直肠灌注水合氯醛黏浆剂，或肌内注射2.5%氯丙嗪10~20 ml；若病畜确诊已出现酸中毒，可静脉注射5%碳酸氢钠500~1 000 ml。

（3）防治方法 做好防暑降温工作，加强牛舍通风条件，如窗户太小应适当打大。畜舍四周应多栽树木或安装遮阴网，避免牛圈阳光直射。提供充足的饮水和足量的青绿饲料，饮水中可加入少许盐。用车运输牛时，避免车辆拥挤，并有通风设施。避免在烈日下使役，若一旦发病，则立即将病畜移至阴凉通风处，如果卧地不起，可就地搭棚，保持安静。一旦发病应尽快降低患病牛身体的温度，尤其是脑部温度。

122. 怎样进行牛瘤胃臌气的诊断与防治？

（1）病因分析 牛的瘤胃臌气又叫肚胀病，放牧牛常发生在初春采食新鲜幼嫩的青草后，及夏秋季采食大量豆科牧草（如新鲜的大豆蔓、花生蔓叶、苜蓿、紫云英）有关；圈养牛常与一次性偷食大量精料、突然添加精料饲喂过多有关。牛大量采食上述易消化物质后，在瘤胃里产生大量泡沫或非泡沫性气体，造成嗳气功能障碍，引起大量气体在瘤胃中积聚，导致瘤胃臌气。

牛瘤胃臌气多在进食不久后突然发病，最主要的临床特征是腹部迅速胀大，左侧肷部向上、向外突出明显，触诊突出部位紧张有弹性，用手拍打会听到大面积敲鼓的声音。患病牛初期表现为站立不安，腹部急剧膨胀，牛不断回头顾腹，或者用后肢不断踢腹部，呈现明显的疼痛感。随病情加重，腹腔压力增加，影响病牛呼吸，导致呼吸困难。患病严重时，病牛张嘴呼吸，出现哀鸣声，结膜发绀，心跳加速，眼球突出，无法正常站立，后肢支撑能力下降，行走迟缓摇晃，肌肉出现颤抖，全身出汗，最后倒地不起，常常会因为窒息或者身体麻痹而死。急性瘤胃臌气，若救治不及时常因腹压过大，使得呼吸受阻导致发病牛窒息而死亡。

（2）治疗方法　病情较轻的病例，使病畜立于斜坡之上，保持前高后低的姿势，不断牵引其舌头或在木棒上涂煤油或菜籽油后给病畜衔在口内，同时按摩瘤胃，促进气体排出；也可用松节油20~30 ml、鱼石脂10~20 g和酒精30~50 ml，温水适量，混合后牛一次内服。严重病例，当有窒息危险时，首先应进行胃管放气或用套管针穿刺放气（间歇性放气），防止窒息；非泡沫性臌气，放气后，为防止内容物发酵，宜用鱼石脂15~25 g和酒精100 ml，加清水1 L，牛一次内服；或从套管针内注入生石灰水或8%氧化镁溶液，或者稀盐酸10~30 ml。泡沫性臌气，以灭沫消胀为目的，宜内服表面活性药物，如二甲硅油2~4 g。

（3）预防方法　由舍饲转为放牧时，最初几天在出牧前先喂一些干草后再放牧，并且应限制放牧的时间和采食量；在饲喂易发酵的青绿饲料时，应先喂干草，然后再饲喂青绿饲料；尽量少喂堆积发酵或被雨露浸湿的青草，防止牛采食大量易消化嫩草，大量产气导致臌气；不要大量饲喂堆积发热的青草、玉米秸秆、发霉变质干草或饲喂带有露水或带有霜的嫩青草等。另外，要注意饲料合理搭配，避免谷物饲料过多或精饲料过多，而粗饲料不足，或饲喂胡萝卜、红薯、马铃薯等块根饲料过多。

123. 怎样进行牛腐蹄病的诊断与防治？

（1）病因分析　牛腐蹄病是牛蹄部趾间的腐败性皮肤炎症。牛腐蹄病全年都有发生，以7—9月份最多；以成年牛为多发。一般以舍饲牛和奶牛发生较多。当饲养管理不良，牛舍阴暗潮湿、泥泞不洁，积粪、积尿不及时清除；运动场高低不平，砖、碎玻璃、炉渣等尖锐物容易刺伤牛蹄，或蹄角质变软、蹄冠和蹄壁出现裂缝等情况时，容易被各种腐败菌侵入感染而发病；日粮中钙磷不足或比例不当，锌、维生素 A 和 D 缺乏时，易造成牛营养不良，可促发本病。另外，节瘤拟杆菌感染时也可引发牛腐蹄病的发生，该病菌通常寄生于牲畜的身体组织中，长期存在会引发牲畜蹄部炎症，消化角质，导致蹄的表面及基层易受侵害，当与坏死梭杆菌共同作用时，致使该疾病发生。

（2）临床症状　发病牛初期蹄间肿胀，后逐渐向上蔓延至蹄冠，病牛频频提举病蹄，以蹄尖着地，喜卧，不愿站立，患部皮肤潮红、肿胀，行走有痛感，跛行。严重时，蹄球、蹄冠发生化脓、腐烂，流出脓性液体，恶臭，蹄底受脓汁的浸渍，出现表面发黑而深的小洞；出现全身感染时病牛体温升高至40~41℃，精神沉郁，食欲废绝，蹄壳脱落或腐烂变形。若不及时治疗，患牛会卧地不起，最终衰弱死亡。

（3）治疗方法　该病治疗的原则是消炎止痛，防止败血病的发生。首先除去患牛蹄部腐烂坏死组织，修削坏蹄，扩大蹄底腐败孔，排尽孔内渗出液，彻底清除腐败坏死组织，须清除流出鲜血为止。然后应用饱和硫酸铜或5%碘酊消毒，再撒布高锰酸钾粉、硫酸铜粉末，还可撒布青霉素鱼肝油乳剂或磺胺粉。

深部腐烂者，在彻底挖除坏死组织后，可用松馏油纱布堵塞，外系蹄绷带，1~2周更换绷带一次，直到孔口愈合。病情严重者，可结合全身抗生素类药物治疗。具体治疗措施及用药请咨询当地兽医。

（4）预防方法　加强牛群科学饲养管理，满足矿物质的需要和合理搭配钙磷比例。平时要注意蹄部的护理和修整，保持牛舍、运动场的清洁干燥，清除牛舍和运动场内的各种尖锐物，避免造成蹄部、皮肤和黏膜损伤，一旦出现外伤应及时消毒。必要时可设消毒槽，槽中放入1%~3%硫酸铜溶液。对病牛隔离饲养，彻底消毒污染场所，可有效减少发病。加强运动，促进血液循环，增强牛蹄质量，提高抵抗力。

第八章 肉牛屠宰加工与产品开发

124. 肉牛宰前应激反应防控技术的定义及主要目的是什么？操作过程注意事项有哪些？

（1）定义　肉牛宰前应激反应防控技术是指一系列旨在减少或消除肉牛在宰前过程中因受到各种应激因素（如运输、环境变化、人员操作等）刺激而产生的异常生理和心理反应的技术和方法。具体措施，如优化运输方式、控制运输时间和距离、提供舒适的运输环境等；提供适宜的待宰环境、合理的饲料和饮水、适当的休息和放松时间，缓解肉牛在待宰期间的紧张情绪；宰前24 h断食；采用合适的击晕方法，如电击晕法，避免惊吓造成的血管收缩痉挛等；对屠宰场的工作人员进行专业培训，提高工人的操作技能和对肉牛应激反应的认识；在运输和待宰期间，定期对肉牛进行健康监测，及时发现并处理可能出现的健康问题，以预防应激反应的发生。

（2）主要目的　确保肉牛在宰杀前能够保持相对稳定的状态，从而保障屠宰过程的顺利进行，提高屠宰效率，同时确保肉品的质量和安全性，并符合动物福利的要求。

（3）操作过程

①静养环境：确保肉牛处于一个洁净、通风良好且温湿度

适宜的环境中进行静养。

②适当饮水：肉牛进入围栏后，应合理控制饮水量。初次饮水量应根据体重决定，每头牛饮水量10 kg左右，可适量添加人工盐（每头50~100 g）；第二次饮水应在初次饮水后的3~4 h进行，饮水时可加入适量麸皮。

③分群饲养：根据肉牛的体型大小和体质强弱进行分群饲养。确保牛舍和牛围栏内干燥，并在分群前于围栏内铺设垫草。

静养密度应保证每头肉牛有足够的活动空间，避免频繁的身体接触或影响待宰圈的空气质量。建议每头牛的占地面积约为5 m²，活动场地约为15 m²。

④长途运输后静养时间：对于运输时间超过6 h或运输距离超过500 km的肉牛，在到达屠宰场后应进行较长时间的宰前静养，静养时间建议为72~120 h，以使肉牛恢复至运输前的体重和肉质，确保肉质的优良。

⑤注意事项：在静养过程中，必须确保肉牛的静养环境保持安静与清洁，避免污染；在宰前处理过程中，严禁使用粗暴的方式捕捉肉牛。

125. 屠宰分割车间及胴体、分割肉减菌保鲜技术有哪些？

肉牛屠宰分割过程中，所用设施设备等接触面是决定牛肉产品初始微生物数量的重要污染源，直接影响着后续牛肉储运及展销过程的货架期。因此，针对设施设备采取有效的减菌技术正成为肉牛产业的迫切需求。目前的设施设备减菌技术按照其减菌的作用方式可分为两大类，即物理减菌技术和化学减菌技术。

目前，可应用于肉牛胴体高效减菌的技术主要有高压清水协同乳酸胴体喷淋技术、有机酸多重胴体喷淋技术和电解水胴体喷淋技术等；可应用于分割牛肉的减菌技术则主要包括气调包装保鲜、冰温保鲜和低能电子束冷杀菌技术等。

屠宰分割车间减菌技术如下。

（1）物理减菌技术

①定义：采用物理方法将微生物从屠宰加工设施设备上进行清除或抑制的减菌手段，常用热水处理和蒸汽处理两种方式。

②主要目的：采用75℃左右的热水冲洗、浸泡或100℃的蒸汽抑制或杀死病原性或致腐微生物。

③优缺点：优点是成本较低，操作简单，无化学物质残留。但其缺点为杀菌效果有限，需水量大，且对热水温度要求较高；热水和蒸汽可能会引起设施设备热敏区域的氧化，对材料造成破坏。

④ 操作过程

屠宰分割过程中：以工厂实际工作时间为准，每隔30~40 min用不低于40℃的热水对刀具、镗刀棍、不锈钢盘等接触工具进行浸泡或冲洗清洁。

屠宰分割结束后：预清洁，用清水冲洗设施设备表面，清除表面污物，或使用除油剂用刷子洗刷器具，除去表面油污；热处理，用不低于82℃的热水冲洗设施设备。83℃的热水消毒超过30 s即可明显降低刀具表面的菌落总数、假单胞菌、乳酸菌、大肠菌群数量。（见表8-1）

表 8-1　83℃热水对刀具的减菌效果

刀具种类	消毒前后	微生物数量 / (1 log CFU·cm⁻²)			
		菌落总数	假单胞菌	乳酸菌	大肠菌群
去皮刀	前	5.16 ± 0.14	2.62 ± 0.04	3.43 ± 0.09	3.05 ± 0.69
	后	3.26 ± 0.09	1.00 ± 0.00	1.59 ± 0.01	1.76 ± 0.18
去白脏刀	前	4.75 ± 0.15	1.68 ± 0.11	2.65 ± 0.31	1.92 ± 0.21
	后	2.73 ± 0.05	0.64 ± 0.00	0.88 ± 0.20	1.31 ± 0.04
去淋巴结刀	前	4.46 ± 0.62	0.94 ± 0.34	2.04 ± 0.21	2.05 ± 0.21
	后	3.97 ± 0.07	0.39 ± 0.00	1.56 ± 0.03	1.65 ± 0.07

（2）化学减菌技术

①定义：采用减菌剂与微生物的细胞外组分、细胞膜和细胞质组分等多个靶点相互作用进而有效减少有害微生物的措施。常用的减菌剂按照其来源又分为化学减菌剂（如过氧乙酸、次氯酸钠、季铵盐类化合物等）和天然减菌剂（如乳酸、植物源天然抑菌物质）。

②主要目的：将以一定浓度或比例配制的减菌剂喷洒于屠宰加工设施设备表面，以达到抑制或杀死微生物的目的。

③操作过程

A. 预清洁：用清水冲洗设施设备表面，清除表面污物。

B. 洗涤：使用洗洁精和毛刷将器具洗刷干净，除去油污。

C. 减菌处理：使用手持喷雾器在设施设备表面喷洒80 mg/L次氯酸钠或100 mg/L过氧乙酸或1 000 mg/L季铵盐类化合物。根

表8-2 不同浓度各类减菌剂在不同处理时间的抑菌效果

单位：%

组别	浓度/(mg·L⁻¹)	抑菌率					
		乳酸菌抑菌率			假单胞菌抑菌率		
		5 min	10 min	20 min	5 min	10 min	20 min
次氯酸钠	80	96.1±14	96.9±2	98.8±15	95.4±2	97.7±6	99.0±4
	100	97.3±15	97.7±10.15	99.0±10.04	95.9±11	97.9±10.04	99.0±13
	120	98.4±4	98.0±3	99.0±3	97.0±7	97.9±4	99.0±6
季铵盐类化合物	1000	96.5±6	97.5±6	99.0±5	93.7±7	95.4±17	98.3±4
	1500	96.2±8	97.9±5	99.0±14	94.6±15	96.2±5	98.6±13
	2000	97.2±17	98.0±3	99.0±3	97.1±5	97.5±14	98.8±5
过氧乙酸	100	98.0±5	98.0±5	99.0±5	97.1±6	97.6±5	98.7±4
	200	98.0±14	98.0±14	99.0±4	97.4±4	97.7±4	98.8±13
	300	98.0±4	98.0±13	99.0±3	97.9±14	98.0±3	99.0±5

据工厂污染情况，对设施设备消毒5~20 min。80 mg/L 次氯酸钠、100 mg/L 过氧乙酸和1 000 mg/L 季铵盐类化合物处理5 min 即可对乳酸菌和假单胞菌的抑菌率达到90% 以上，且过氧乙酸处理5 min 后就对生物膜产生了很好的抑制清除效果。

化学减菌剂优缺点：优点为含氯减菌剂比季铵盐类化合物刺激性更强，对微生物的杀灭效果更强；与季铵盐类化合物相比，次氯酸钠、过氧乙酸具有很强的清除设施设备表面生物膜的能力，但季铵盐类化合物的减菌效果作用更持久；过氧乙酸分解后产生乙酸、水和氧气，相比于其他两种减菌剂不会对设备材料和肉类产生不良影响。缺点为次氯酸钠作用完成后可能会在设施设备表面有氯残留；过氧乙酸有腐蚀性，可能会对材料造成破坏。

（3）天然减菌剂

①优缺点：天然减菌剂的优点为不会对肉类及消费者安全产生不利影响，尤其是植物天然抑菌剂（如白藜芦醇、肉桂醛、丁香酚、百里醌等），不仅消费者接受度更高，且具有很强的生物膜抑制活性，绿色安全性高；但天然减菌剂也同样存在缺点，如乳酸溶液的浓度、温度以及目标微生物的类型都可能会影响其减菌效果；天然抑菌物质因其成本高、易挥发以及缺乏毒性验证和体内实验等原因，限制了其在食品工业中的进一步应用。

②操作过程：乳酸对设施设备的减菌操作流程同化学减菌剂一致，推荐参考浓度为1%（V/V）。1% 的乳酸就能对乳酸菌和假单胞菌的抑菌率超过95%，有较强抑菌作用。目前天然植物抑菌剂在工厂生产中的应用还比较少见，不同类型天然抑菌剂的推荐浓度参数如下：白藜芦醇200~400 μg/ml、肉桂醛

320~640 µg/ml、丁香酚640~1280 µg/ml、百里醌25~50 µg/ml。实验结果表明，上述抑菌剂均对致病菌——单增李斯特菌的生物膜形成有明显的抑制作用，且抑制效果随抑菌剂浓度增加而加强。

胴体及分割肉减菌保鲜技术如下。

（1）高压清水协同乳酸胴体喷淋技术

①定义：先对肉牛胴体采用高压清水喷淋冲洗掉可视污物，紧随其后采用2%乳酸进行喷淋，并排酸冷却24 h，从而发挥杀菌或抑菌作用的减菌措施。

②优点：操作简单，无化学残留。可有效去除肉牛胴体表面的物理污染，使初始微生物数量减少1 log CFU/cm^{2}以上。

③操作说明：高压清水喷淋的总压力约为2.07 MPa，每个二分体的耗水为95~114 L；乳酸胴体喷淋的压力为138 kPa，乳酸浓度为2%（V/V），溶液消耗量约6.66 L/min。喷淋出的乳酸液滴越小，减菌效果越好，以雾状为宜。

（2）有机酸多重胴体喷淋技术

①定义：肉牛胴体冷却排酸期间，采用乳酸或过氧乙酸消毒剂对胴体进行间歇式喷淋，通常为每4~6 h采用1%~3%（V/V）乳酸或100~300 mg/kg过氧乙酸进行喷淋，从而可高效发挥有机酸协同抑菌作用的减菌措施。

②优点：绿色高效，可将牛胴体表面初始菌落总数降低至1.8 log CFU/cm^2。乳酸是目前应用最广泛的有机酸，同时也是动物屠宰后糖酵解过程中产生的天然化合物，已被美国食品药品监督管理局认定为用于肉类产品的安全物质。过氧乙酸见光易分解为氧气和乙酸，不会造成化学残留。

③操作要点：排酸间吊挂的肉牛半胴体应保持至少10 cm间隙，避免因相互碰触而导致的喷雾不均，分割前1 h不再进行喷淋。

（3）电解水胴体喷淋技术

①电解水定义：电解水是一种利用电化学方法，将低浓度的电解质溶液（如NaCl溶液、稀盐酸溶液或两者的混合溶液）在电解槽内进行电解，使其pH、氧化还原电势、有效氯浓度、活性氧等发生一系列变化并具有消毒功能的溶液。

②优点：电解水不仅制取方便、成本低廉、贮藏稳定、广谱高效，还能够有效降低次氯酸钠与食品中的有机物发生反应生成含氯副产物的风险。可将大肠杆菌O157∶H7的污染率从82%降至35%。采用有效氯浓度为（40.0±1.3）mg/kg的微酸性电解水对肉牛皮毛进行冲洗，可将皮毛的初始微生物降低接近$1.5 \log CFU/cm^2$。

③操作说明：电解水一般用于屠宰前对活牛皮毛的减菌消毒。酸性电解水的pH范围为2.5~3.5，酸性电解水的pH范围为5.0~6.5。

（4）分割牛肉抑菌保鲜技术

①气调包装保鲜技术：气调包装技术是指在一定的温度条件下，用高阻隔性的包装材料将肉品密封于一个改变了的气体环境中，以改善肉品色泽，抑制微生物生长并阻止酶促反应，从而延长产品货架期的一种技术。目前比较常见的气调包装技术主要有真空包装和充气包装两大类。

②真空贴体包装

定义：真空贴体包装属于真空包装的一种，可在牛肉上覆盖一层热封的高阻性塑料膜，利用抽真空产生的负压将塑料膜紧密贴附在产品表面但不对其造成挤压，进而实现贴体效果的一种新型包装方式。

优缺点：优点是包装外形美观，摆放方式灵活，占用空间小。有利于维持牛肉原有嫩度等品质，减少其汁液渗出，抑制好氧微生物的增殖，进而延长牛肉货架期；缺点是肉色呈现暗紫色，缺乏对消费者的吸引力。

保鲜效果：冷藏条件下真空贴体包装牛排的货架期可达40 d。

③充气包装

定义：用高阻隔性包装材料将牛肉密封于充入一定浓度O_2、CO_2、N_2等气体的包装内，以实现分割肉货架期延长的一种技术。

优点：维持牛肉鲜红色外观，抑制微生物生长，从而延长货架期。

操作说明：应针对不同类型牛肉进行差异化包装，可最大限度减少牛肉浪费，提高工厂效益。

对于雪花牛肉，建议使用0.4% CO/30% CO_2/69.4% N_2低氧气调包装，在赋予樱桃红肉色的同时还可以有效抑制雪花肉的脂肪氧化和微生物生长。

相较于传统高氧气调包装牛肉14 d左右的货架期，采用新型降氧气调包装（50% O_2/40% CO_2/10% N_2）可将冷却牛排货架期延长20 d以上，品质也会因为氧化程度降低而得到改善。

对于黑切牛肉，采用60% O_2/20% CO_2/20% N_2 MAP可有效

改善黑切牛肉的肉色并显著降低其氧化程度，如果60% O_2 配合40% CO_2 还可将长期贮藏黑切牛肉的展示货架期延长14 d 以上。

在火锅牛肉卷冷冻运输贮藏过程中，推荐使用0.4% CO/30.0% CO_2/69.6% N_2 及60% O_2/40% N_2 气调包装以改善冷冻牛肉卷的肉色劣变问题。

冰温贮藏虽然有利于延长牛肉保质期，但是经过冰温长期贮藏后，牛肉肉色稳定性也会降低，不利于后期零售展示。因此对于8周冰温贮藏的大块肉，推荐使用20%~80% O_2 有氧气调包装展示货架期为10 d；而对于经过16周长期冰温贮藏的牛肉，推荐使用50% O_2 气调包装展示货架期为10 d；若使用80% O_2 气调包装，其展示货架期只有7 d，以使牛肉肉色保持在消费者可接受范围内。

④冰温保鲜技术

定义：冰温保鲜技术是指将生鲜牛肉置于0℃以下，冰点以上的温度范围内，使其保持低温而不冻结的状态，在抑制微生物和酶的活性的同时，更好地维持产品良好品质的冷藏技术。

优缺点：优点是相较于传统4℃冷藏方式，冰温贮藏可将生鲜肉货架期大幅提升1.4~4.0倍，实现120 d 的超长货架期；缺点是冰鲜肉对环境温度要求比较严苛，温度波动范围不应超过2℃，目前商业上可符合冰温牛肉温度要求的设备较少。

操作要点：精确控温是冰温保鲜技术的关键，冰温条件下微小的温度差异也会对肉品货架期产生重要影响。精准标准冰温（-2~0℃）条件下牛肉的货架期可以延长至15周，而现行商业冰温（-4~4℃）条件下牛肉的货架期不到9周。

⑤低能电子束辐照技术

定义：指利用电子加速器产生的低能电子束射线（0.2 MeV）来影响微生物细胞膜和细胞内部DNA，进而杀灭食品中的病原微生物及其他腐败菌，达到食品保鲜目的的一种冷杀菌技术。

优点：低能电子束技术仅能穿透真空包装牛排表面0.3 mm，进而牛肉对射线的平均吸收剂量较小，有效避免了传统辐照技术导致的牛排氧化、褐变等问题。该技术能将真空包装冷鲜牛肉初始菌落总数减少0.7 log CFU/g，使其货架期延长至21 d以上。

操作说明：通过设定束流、电压和传送速度以采用相应辐照剂量，对真空包装牛排进行电子束辐照处理，进而实现杀菌保鲜效果。

126. 牛肉分级是什么？其主要分割标准依据（分割示意图）有哪些？

牛肉分级是指基于市场和买卖双方需求，依据胴体性状对胴体进行级别划分，从而赋予胴体不同价值的行为。国外肉牛业发达国家很早就开始推行全国统一的牛肉分级制度，建立了一套适合本国肉牛业发展的牛肉质量等级评价体系，在肉牛业的发展中发挥了重要的积极作用，使得这些国家的牛肉质量和消费者满意度得到极大提高。

牛肉分级制度的制定起初是为解决牛肉交易时买卖双方信息不对等的问题，其主要目的是为买家提供胴体信息，促进贸易。19世纪末期，南美洲和澳大利亚向欧洲出口冷冻牛肉，推动了胴体标准的完善。由于早期牛肉交易以胴体为单位，相应标准主要是描述胴体情况，包括胴体重量、年龄或生理成熟度、性别、脂肪覆盖度、胴体形态、有无瘀伤或瑕疵。另有部分国家的标准纳入肌内脂肪、肋部脂肪、眼肌面积等产量指标以及大理石花纹、色泽等质量特征指标。目前各国牛肉分级体系仍沿用这些指标。

表 8-3　牛肉分割示意图（GB/T 17238 鲜、冻分割牛肉）

序号	名称	分割示意图	实拍照片
1	二分体 side		
2	四分体　横切 quarter　四分体		

序号	名称	分割示意图	实拍照片
2	四分体 quarter	枪形前四分体	
		枪形后四分体	
3	肩胛部肉 chuck		

序号	名称	分割示意图	实拍照片
4	前腿部肉 shin		
5	胸腹部肉 short plate		
6	胸腩连体 flank&brisket		

续表

序号	名称	分割示意图	实拍照片
7	肋脊部肉 rib		
8	腰脊部肉 loin		
9	后腿部肉 round cuts		

序号	名称	分割示意图	实拍照片
10	脖肉 neck		
11	上脑 high rib		
12	眼肉 rib eye		

序号	名称	分割示意图	实拍照片
13	肩肉 shoulder		
14	板腱 oyster blade		
15	辣椒条 chuck tender		

续表

序号	名称	分割示意图	实拍照片
16	牛前腱 shin		
17	金钱腱 conical muscle		
18	胸肉 brisket		

续表

序号	名称	分割示意图	实拍照片
19	S腹肉 S-flank		
20	牛小排 short rib		
21	带骨胸肋排 rib plate		

序号	名称	分割示意图	实拍照片
22	肋条肉 rib finger		
23	牛腩 flank		
24	腹肉 thin flank		

续 表

序号	名称	分割示意图	实拍照片
25	里脊 tenderloin 牛柳 tenderloin		
26	外脊 striploin 西冷 striploin		
27	米龙 topside 针扒 topside		

序号	名称	分割示意图	实拍照片
28	臀肉 rump 尾龙扒 rump		
29	大黄瓜条 outside flat 烩扒 outside flat		
30	三角尾扒 rump cap		

序号	名称	分割示意图	实拍照片
31	小黄瓜条 eye round		
32	牛霖 knuckle 膝圆 knuckle		
33	牛后腱 hind shank		

续 表

序号	名称	分割示意图	实拍照片
34	牛碎肉 trimmings		
35	分割副产品 by-product		

127. 热鲜、冷鲜、冰鲜、冷冻牛肉和排酸牛肉的区别是什么?

（1）定义与工艺：市面上的原料牛肉类型有热鲜牛肉、冷鲜牛肉和冰鲜牛肉以及冷冻牛肉。热鲜牛肉即刚宰杀不久，还温热的牛肉；冷鲜牛肉则是使胴体温度在24 h内降为0~4℃，在后续的加工、流通和销售过程中始终保持0~4℃范围内的生鲜肉；冰鲜牛肉是将宰后牛肉迅速冷却到略高于其冰点温度（牛肉的冰点为 -1.9℃，一般冷却到 -1.0~-1.5℃），使牛肉获得就"将冻未冻"

的状态，变得更嫩更鲜，并在此温度条件下贮藏流通与销售；而冷冻牛肉则是指肉牛宰杀后，经预冷排酸，继而在 –18℃以下冻结，并在 –18℃以下储存与运输；排酸牛肉是目前行业里对冷鲜牛肉的称谓，排酸并不是字面意义上所谓的将牛肉中的"酸"排出来，而是随着肉中 H^+ 的积累，肉 pH 不断下降的过程。

（2）各种类型牛肉具体表现及优缺点（见表8-4）

表 8-4　不同类型牛肉的特点与表现

品类	热鲜牛肉	冷鲜牛肉	冰鲜牛肉	冷冻牛肉	排酸牛肉
特点	未经任何降温处理，肉质新鲜，但细菌容易滋生	经过冷却排酸处理，肉质更嫩，口感更好	在低温下快速冷却至冰点，锁住了牛肉的水分和营养	经预冷排酸，于 –18 ℃下冻结和储运	通过排酸工艺分解代谢产物，优化肉质和风味
优点	新鲜度高，能直观看到牛肉的状态	口感佳，保存时间相对较长	保存时间更长，营养损失更少，更好地保持住肉的原始新鲜状态	易于运输与储藏及销售	营养价值高、肉质柔软多汁、风味提升、安全性高
缺点	保存时间短，容易变质	目前冷鲜肉的排酸时间普遍不足	所需温度环境控制标准更严格	肉质、香味会有较大差异，营养损失严重	价格较高，部分地区消费者接受度低

热鲜牛肉的肉质新鲜，适合加工成火锅涮肉片、肉糜牛肉丸等产品，这类产品嫩度和弹性好；但热鲜牛肉容易滋生微生

物，安全品质不易保证。冷鲜牛肉较好地控制了微生物生长，微生物安全较有保障。但是，冷却24 h的牛肉正处于最大尸僵期，硬度大，嫩度差，目前国内一般冷却48~72 h。事实上，冷却48~72 h的牛肉仍然没有脱离尸僵期（不像猪肉的排酸时间只需要24 h，牛肉排酸需要15 d以上），嫩度仍然很差。为此，近年来市场上出现了通过给热鲜肉适当降温的中温牛肉，希望能够生产出既有热鲜牛肉的鲜和嫩度，又有冷却牛肉安全性的牛肉，但这种产品容易发生冷收缩现象，从而导致嫩度很差的问题。冰鲜牛肉有效控制了微生物的生长和牛肉内部各种酶的活性，是真正可以保持牛肉鲜嫩度和微生物安全的生鲜牛肉产品。排酸牛肉在排酸过程可以将牛肉中的部分蛋白质转化为氨基酸，使其更易被人体吸收利用。同时，排酸牛肉富含多种维生素和矿物质，这些营养物质在排酸过程中更易被人体吸收。经过排酸处理后的牛肉的纤维结构发生变化，肉质变得更加柔软多汁，肥而不腻，瘦而不柴，口感得到改善。另外，牛肉中含有的一些风味前体物质会在排酸过程中发生化学反应，如蛋白质水解变成风味肽和氨基酸、脂肪水解转化为脂肪酸和醇，从而改善牛肉风味。当然排酸牛肉也存在一些劣势，如价格相对较高，在一些地区消费者的接受度较低等。总的来说，各品类的牛肉都有独特的特点，也是为适应市场需求而存在。虽在营养与口感上有所差异，但又在销售储藏要求中有所弥补，因此它们在牛肉市场中都是不可或缺的，具体选择同样要看市场所需。

（3）排酸牛肉

①主要目的及原理：排酸牛肉本质是冷鲜牛肉。肉牛屠宰

放血后，机体的氧气供应停止，肌细胞内的供能方式逐渐从葡萄糖的有氧呼吸分解转变为无氧糖酵解，进而产生乳酸。期间ATP消耗会产生H^+，而磷酸肌酸则会分解为肌酸和磷酸。以上物质的积累会导致排酸牛肉的pH逐渐下降，通常当pH达到5.4~5.8时糖原分解完毕或糖酵解酶活性钝化，此时pH便不再进一步降低，即达到极限pH（pHu）。排酸过程中，伴随着pH的降低及ATP消耗，肌动蛋白细丝和肌球蛋白不可逆结合形成肌动球蛋白，从而引发肌肉连续不可逆的收缩，当收缩达到最大限度时胴体进入宰后僵直（尸僵）状态，牛肉的嫩度最差；但宰后僵直持续一段时间后，在内源蛋白酶等的作用下，肌原纤维结构被逐渐破坏，骨架蛋白发生水解，牛肉嫩度因而逐渐被改善，保水性也得到大幅提升。同时，蛋白质降解会使多肽、游离氨基酸增加，ATP的降解则会产生次黄嘌呤核苷酸，这些都会增加排酸肉风味。因此，排酸期间牛肉会经历僵直与解僵成熟过程，并发生一系列生理生化和能量代谢反应，从而使肉的嫩度、保水性、风味等品质得到改善。此外，冷却排酸还会大幅降低胴体表面的微生物数量，提高牛肉的安全性和货架期。

②排酸牛肉的生产过程

A.屠宰：肉牛按照商业化模式屠宰。

B.入库清洗：进入冷却库前用高压清水清洗整个胴体内侧及锯口刀口处。以二分体或部位肉的形式进行冷却排酸。

C.冷却方式：可采用一段式冷却（常规冷却）或多段式冷却（逐步冷却），根据我国肉牛胴体的pH–温度窗口，推荐当胴体pH降至6时，胴体的温度范围在12~35℃内为宜。一段式冷却，即胴体直接进入常规冷却间（0~4℃）进行冷却。分段式冷却，指牛胴体先在快速冷却间冷却至12~18℃，再进入常规冷却间。分段式冷却可以通过影响排酸期间的代谢过程来促进肉的嫩化，是目前比较推荐的冷却方式。排酸过程中的环境温度、湿度、空气流速等都会影响排酸过程，综合国内外研究，冷却排酸间推荐参考参数如下：常规冷却间温度0~4℃，快速冷却间温度（–15±1）℃，风速0.5~1.5 m/s，相对湿度85%~90%。

排酸结束后，应对牛肉极限pH进行监测，正常牛肉的pH一般为5.4~5.8。异质肉包含黑切肉和PSE肉两类，当pH>6.1时判断为黑切牛肉（DFD；肉色发暗，表面发干发硬），pH<5.4时一般定为PSE牛肉（肉色苍白，肉质发软，汁液渗出严重）。

128. 不同部位牛肉品质及加工烹饪适宜性如何？

（1）肉牛胴体分割加工是生产优质安全牛肉不可缺少的环节，是肉牛养殖户/企业养牛效益体现的终端环节，是由原料（活牛）转向商品（食品）不可或缺的快速增值环节。由于我国牛种繁多、育肥方式多样、胴体大小参差不齐、肉质差别巨大等原因，对胴体进行再分割是最直接、投入最少的增值方式。目前的分割方式可参考标准GB/T 17238—2022。不同部位原料肉在加工过程中的适宜性各有差别，可利用这一特点选择适宜的烹饪方法加工成各具特色的牛肉产品。

（2）牛肉的不同部位具有不同的品质特点和适宜的加工烹饪方式。

①牛腱：牛腿下方的肌肉群，分为前腱和后腱。牛腱富含

肌肉纤维，外表鲜红，富含筋膜和肉筋。前腱因为活动量少，肥瘦相间，肉质较软嫩，汁水丰富；后腱则因为活动量大，几乎没有脂肪，肉质紧实，富含肌肉纤维和筋腱，口感有嚼劲。通常用于卤制，制成酱牛肉。

②牛腩：即牛腹部及靠近牛肋处的肌肉，肉质稍韧，有筋、肉、油花的混合，口感肥厚而醇香，适合红烧或炖汤，如红烧牛腩、西红柿炖牛腩。

③霖肉：牛霖是牛腿部肌肉的一部分，位于后腿前部的膝盖关节上方，靠近臀部。它的外观特征是不规则的圆形，表面带有筋膜，肉质八九分瘦，结缔组织较少，脂肪含量适中少，适宜加工为肉干肉脯等干制品，也可以作为预制菜的原料，用于爆炒或滑炒。

④上脑：位于肩颈部靠后，脊骨两侧的牛肉，位于背长脊最前端自脊椎第1根肋骨至第6~7根肋骨之间，与眼肉相连。该部位肉质纹理较细，脂肪交杂均匀，有好看的大理石花纹。适合煎、烤等烹饪方法，比如煎牛排或涮火锅。

⑤眼肉：位于背部最长脊的第二个部位肉，自肋骨的第6~7根中间切开至第11~12根肋骨中间切开为眼肉。经精细分割后，外观呈四方圆弧状，肉质红白镶嵌，有大理石花纹。眼肉肉质细嫩，脂肪含量较高，吃起来的口感比较香甜多汁，不干涩，可用作牛排原料。

⑥牛里脊：牛脊椎骨内侧的条形肌肉，是牛身上肉质最细嫩的部位之一。它位于牛的肋部到脊柱之间，由于这个部位不

经常运动，肌肉纤维非常细腻，因此肉质特别柔软和嫩滑。在烹饪方面，牛里脊肉肉质细嫩，纤维走向一致。适合多种烹饪方法，如炒、炸、烤等，都能做出美味佳肴。由于其肉质细嫩多汁，口感鲜美，常被用于制作高档菜肴。此外，牛里脊肉富含优质蛋白质、氨基酸和矿物质，具有较高的营养价值。

总之，牛肉部位细分众多且根据成分特点各具特色，了解牛肉不同部位的特点，能够在烹饪时更好地选择合适的处理方法，以达到最佳的口感和风味。

129. 预制牛肉菜肴加工中的关键技术有哪些？

（1）预制菜定义 以一种或多种食用农产品及其制品为原料，使用或不使用调味料等辅料，不添加防腐剂，经工业化预加工（如搅拌、腌制、滚揉、成型、炒、炸、烤、煮、蒸等）制成，配以或不配以调味料包，符合产品标签标明的储存、运输及销售条件，加热或熟制后方可食用的预包装菜肴。

（2）问题 菜肴产品为了突出风味口感，往往是高盐、高油，不利于人体健康，且在购买后会进行二次加热，会持续让食物中的营养成分流失，从而导致食物中大部分营养素并未被人体利用吸收。由于规定预制菜不允许添加防腐剂，这就给预制菜肴尤其是肉类预制菜肴的保鲜带来了很大挑战。

（3）关键技术 在预制牛肉菜肴加工中，减盐技术、减菌保鲜技术和复热保真技术是预制牛肉菜肴工业化生产的关键技术，不仅影响菜品的风味口感，还决定产品的营养性和安全性。

①减盐技术

A. 采用天然的低钠替代部分食盐，如低钠盐、钾盐，也可利用风味增强剂或呈味肽提升味觉感受，减少对盐的依赖。针对黑椒牛柳等预制牛肉菜肴，可采用氯化钾＋酵母抽提物＋大蒜粉的复合低钠盐复配调料起到降盐的效果。

B. 优化加工工艺，如采用适当的腌制时间和温度双因子控制，在减少盐使用量的同时仍能保证风味。

②保鲜减菌技术

A. 低温冷藏和冷冻技术：控制储存温度在适宜范围内，抑制微生物生长和酶的活性，在冷冻过程中，要尽量避免反复冻融，否则对牛肉蛋白造成破坏，会影响牛肉的保水性、风味、口感，因此在冷冻产品中可加入天然的抗冻剂，防止反复冻融过程中的氧化劣变。

B. 真空包装或气调包装：改变包装内的气体成分，减少氧气含量，抑制细菌繁殖。真空包装通过降低肉类预制菜肴存储空间的氧气密度，延缓肉类菜肴的脂肪、蛋白质、维生素等营养成分的氧化速度，减少水分蒸发和营养损失，最大限度地保持肉类预制菜肴的风味和品质，也是目前企业普遍采用的方法，但仅通过真空包装，一些厌氧菌很难控制，如再进行二次杀菌，又会对产品口感风味有很大影响。气调包装是通过在包装中注入抑菌气体，从而起到抑菌效果，但成本偏高。

C. 利用新技术进行减菌保鲜：采用具有抑菌作用的植物调味料调节肉类内部细胞的 pH，减少其蛋白质和脂质氧化，保障肉类预制菜肴色泽和口感的稳定；采用中央厨房标准化、规范化的预处理模式代替传统手艺。

③复热保真技术

为确保预制菜肴食品的营养价值得到充分保留和利用，食品企业在加工生产过程中应减少油炸、烧烤、高温烹煮等方式，多采用清蒸、低温慢煮等加工手段，以保持食物中对人体有益的营养素。同时在产品包装上明确食用方式，注明相关的营养成分分析，给予消费者最直观的感受。也可采用新型复热技术。

A.微波复热，加热速度快，能较好地保持食品的品质和口感，但需要注意加热均匀性。

B.水浴复热，能使食品受热均匀，但复热时间相对较长。

C.蒸汽复热，能快速传递热量，保持食品的水分和口感。

在实际应用中，需要根据预制牛肉菜肴的特点和需求，合理选择和优化这些关键技术，以确保产品的品质、安全和口感。

130. 牛肉嫩度改善技术有哪些？

在影响牛肉食用品质的众多因素中，嫩度是一个关键指标，它直接关系到消费者对牛肉的喜爱程度。这一质量特征显著影响消费者的满意度，进而影响其购买意愿。

肉的嫩度是指肉被切割的难易程度，主要通过咬开、咀嚼的难易度以及咀嚼后的残渣量来评价。嫩度反映了肉中各种蛋白质的结构特性，是评价肉制品质量的重要指标。五十多年来，许多学者致力于改善肉嫩度的研究，并取得了显著进展。牛肉宰后嫩化技术主要分为物理嫩化法、化学嫩化法和生物酶嫩化法三大类。

（1）物理嫩化技术　主要的物理嫩化方法有刀片嫩化、低温吊挂、机械滚揉、超声波、电刺激嫩化等。

①刀片嫩化：采用锐性刀具切断肌纤维结构，通过机械性破坏显著提升肉质嫩度。该技术操作便捷且效果显著，但会增加蒸煮损失率，需结合工艺参数优化控制水分流失。

②低温吊挂：将屠宰后的胴体悬挂在低温环境中，利用重力拉伸肌节，提高肌肉嫩度。低温吊挂能够有效改善牛肉的嫩度，但存在能耗高、周期长等限制。

③机械滚揉：一种通过按摩、翻滚和揉摩等方式破坏肌肉组织的加工方法。在滚揉过程中加入腌料，不仅可以提高肉的腌制出品率和吸收率，同时还能降低其硬度。然而，滚揉时间过长会导致肉的颜色变暗和保水性下降。

④超声波嫩化：超声波能够直接破坏结缔组织、肌原纤维和细胞膜的结构。同时，它还能通过破坏溶酶体，释放组织蛋白酶，从而改善肉的质地。研究表明，超声波使牛肉的剪切力显著降低，嫩度得到提升，同时仍能保持良好的色泽。

⑤电刺激嫩化：一种通过对宰后胴体施加电刺激，破坏肌肉组织并改变肌原纤维蛋白结构，从而提高肉质嫩度的方法。尽管低压电刺激能够破坏肌肉结构，增加肌原纤维小片化指数，并提升肉的嫩度，但由于其潜在的危险性，该方法在我国尚未得到全面推广和应用。

（2）化学嫩化技术　主要采用有机酸、磷酸盐和碳酸盐等单一或复合化合物进行浸泡或注射腌制。在这一过程中，这些化学物质与肉类中的肌原纤维和结缔组织发生特定的生化反应，从而有效改善牛肉的嫩度。

①有机酸，如乳酸、乙酸和柠檬酸，通过破坏肌原纤维和结缔组织来改善肉制品的嫩度。研究表明，乳酸的使用能够显著改善牛肉的质地，在较短时间内降低剪切力，提高肌纤维小片化指数，从而有效提升肉制品的嫩度。

②氯化钙（$CaCl_2$）注射可加速肌原纤维蛋白水解，从而提升宰后牛肉的嫩度。然而，氯化钙对肉品质量也存在一定的负面影响，如降低肉的氧化稳定性，导致肉变色，并缩短肉制品的保质期。

③磷酸盐、碳酸盐等盐类可以改变肌肉环境的pH。研究发现，随着肌肉pH逐渐偏离肌原纤维蛋白质的等电点（约5.0~5.2），导致蛋白质表面负电荷增加。这形成了更多与水分子结合的氢键位点，促使肌原纤维蛋白吸水膨胀。同时，负电荷的增加增强了蛋白质分子间的静电斥力，引起肌丝相互排斥，使肌原纤维膨胀变粗，肌纤维间的间隙增大。因此，更多的水被保留下来，肉质变嫩。

（3）生物嫩化技术　生物嫩化法多指酶法嫩化，分为外源酶嫩化和内源酶嫩化两种方法。通过内源性蛋白酶或外源蛋白酶水解蛋白质，改善肉的嫩度。

①常用的外源酶主要分为三大类：植物源蛋白酶、动物源蛋白酶和微生物源蛋白酶。植物源蛋白酶包括菠萝蛋白酶、木

瓜蛋白酶、无花果蛋白酶和生姜蛋白酶等；动物源蛋白酶中，猪胰酶最为常见；微生物源蛋白酶则有溶组织梭菌的胶原酶。这些酶已被批准为"公认安全"（GRAS）用于改善肉嫩度的外源酶。

②内源酶嫩化作用：主要由肌肉内部的酶系统实现，主要包括溶酶体蛋白酶、蛋白酶体和钙激活酶。与外源酶不同，内源酶主要作用于肌原纤维蛋白，而外源酶则能够同时破坏肌原纤维蛋白和结缔组织。

131. 酱卤牛肉的关键加工技术有哪些？

酱卤牛肉加工工艺简单，消费基础广泛，因此市场接受度较高，产量和消费量在牛肉制品中较高。酱卤牛肉按加工工艺可以分为酱制和卤制，因酱制工艺复杂，且基本适合于某些特定地区，因此市面上多以卤制为主。卤牛肉的基本工艺为选料—修整—腌制—卤煮—冷却—包装。在基本工艺的基础上进行微调后，会使出品率从60%~100%不等。本部分针对酱卤牛肉加工的关键技术进行讲解。

（1）原料肉的选择　不同部位的牛肉，加工性能不同，高档部位肉基本用来煎烤。通常用中低档部位肉加工酱卤牛肉。最适合酱卤牛肉加工的原料是牛腱，牛腱筋腱多，嫩度较差，可耐受长时间炖煮，且产品口感层次性最佳。（见表8-5）

表 8-5　不同部位牛肉品质特性及卤煮适宜性

部位	水分	蛋白质	色泽	剪切力	出品率	质构特性	感官评分	卤煮适宜度
牛腱	中	中	优	高	高	优	高	适宜
牛腩	低	中	中	中	中	优	中	较适宜
霖肉	低	中	中	低	中	优	中	较适宜
肩肉	中	低	差	中	中	中	低	尚可
臀肉	中	中	中	高	中	中	低	尚可
大黄瓜条	中	中	差	低	低	差	低	不适宜

（2）腌制技术　酱卤牛肉腌制时为突出风味、防腐、保水、改善质构等目的通常会在腌制过程添加适当腌制剂，如食盐、亚硝酸盐、复合磷酸盐、香辛料等。不同工艺各腌制剂的选择与添加量差别很大，但要注意的是一些添加剂应严格控制在国标允许添加范围内添加，其中常用添加剂适用范围如下：硝酸盐用量不超过0.5 g/kg，亚硝酸盐用量不超过0.15 g/kg；磷酸盐可单独使用，也可混合使用，最大使用量是以磷酸根（PO_4^{3}）计不超过5 g/kg。具体腌制方法如下。

①干腌　干腌法：利用食盐或混合盐（混合有硝酸盐、磷酸盐、嫩化剂、香辛料等）涂擦在肉制品表面，然后层叠在腌制架上或层装在腌制容器内，依靠外渗汁液形成盐液进行腌制的方法。

腌制要求：多数在4℃左右冷库中进行。腌制时间视腌制间温度与肉块大小而定，常温腌制5~7 d，冷库腌制15~30 d。

管理要求：经常检查，防虫害和鼠害，经常要翻动。腌制到内外都坚实一致即说明腌透。若腌不透，则肉色不一致。

优缺点：风味好，但费时费力

②湿腌　湿腌法：将肉浸泡在预先配制好的腌制液中，通过扩散和水分转移，让腌制剂渗到肉内部，从而获得比较均匀分布的一种腌制方法。

腌制液浓度：因习惯而异，差异较大，有些使用低浓度食盐与香辛料混合煮制的腌制液，腌制时间可长达数月；有些用高浓度食盐配腌制液，腌制5~7 d即可。

管理要求：通常在常温下进行腌制，长时间腌制时须经常翻动。

优缺点：较均匀，可以将溶于水的调味料、调质构等原料制成腌制液，工艺简化，但风味不好控制，营养有损失。

图8-1　注射腌制设备

③注射腌制法　又称盐水注射法，是一种机械辅助腌制方法。将腌制剂配成腌制液，通过血管或肌内注射到肉块中的腌制方法。注射腌制液后可经静置腌制，也可以借助滚揉机滚揉腌制。一般腌制液中使用磷酸盐。

优缺点：优点是腌制时间短，质构好，产品出成率高；缺点是需要设备，有一定技术含量，产品风味差。

④滚揉腌制法　滚揉腌制：滚揉技术是指借助物理冲击使肉料之间相互碰撞、摩擦和挤压，降低肌纤维和结缔组织的机械强度，同时破坏细胞结构，同时，肌肉挤压变形促进溶质迁移扩散，使盐分均匀分布，结合机械作用，提高蛋白质溶解度，从而改善肉类原料的嫩度及食用性。

操作：一般先将配制好的腌制液注射到肌肉中，然后借助滚揉机进行滚揉腌制。

优缺点：优点是属于现代腌制技术，用时短、效率高，出品率高、质构好；缺点是风味较差。

图8-2　腌制设备

⑤混合腌制法 混合腌制法：利用干腌和湿腌互补的一种腌制方法，在肉类腌制过程中，可以采用两种以上方式进行腌制。如目前较好的用于酱卤牛肉的腌制方法：可先采用腌制液与肉放入滚揉机中，滚揉2~6 h，再加入香辛料进行干腌24~48 h。混合腌制后，可加快腌制的速度，也可最大限度地提升风味和口感。

（3）卤制技术 卤制可选用的有间歇式卤煮锅，企业用得比较多，可选用可倾式电磁卤煮锅，可根据使用量选择大小。连续式卤煮隧道，可实现连续化操作，还可采用蒸煮一体设备，选用以蒸代卤的方式进行，但由于出品率问题，企业较少采用。

①火候：对产品质量和产品出成率影响很大，若出成率过高则产品风味和嫩度都不能保证，生产者必须在出成率和产品质量之间平衡火候，因此，可根据肉块大小、原料老嫩，对出品率和品质的需求灵活掌握火候。

首先用大火固定成型。大火使牛肉外层蛋白快速凝固，有固定成型作用，同时可以阻止肌肉内水分外渗，产品出品率提高；但外层蛋白快速凝固后嫩度快速下降，同时也阻止了卤汤中的食盐和香味物质渗入肉中，产品嫩度和风味都不好。因此大火时间也不宜过长，可用大火（使汤保持沸腾）煮0.5~1.0 h，然后小火使肉烂入味。小火使肌肉缓慢降解，嫩度提升并产生风味物质，同时促使卤汤中的食盐和香味物质渗入肉中。小火（使汤保持微沸）煮1~3 h，可以撤火焖煮一定时间，可以使味道更好，出品率更高。

②卤料配制：卤汤分老汤和新汤。老汤即卤过肉的卤汤，其中有未吸收的食盐、调味料和香辛料风味物质，以及牛肉降解产生的风味物质等。因此老汤味浓，可以反复使用，但用老汤卤制需要补充食盐、调味料、香辛料等，并且老汤要定期进行煮制和过滤，老汤使用次数过多，汤中会产生有害物质，以5~8次为宜。

新汤是首次配制的卤汤。新汤中需要添加的主要是食盐和香辛料。经过腌制的肉，汤中食盐含量1%~2%即可。香辛料使用时需要考虑各香辛料的特性及配伍。可通过香辛料赋予酱卤牛肉需要的色泽，糖色加栀子是红黄色，糖色加红曲米是亮红色，糖色加紫草是枣红色。如膻味太重还油腻，可添加0.1%~0.2%的草果陈皮，胡椒和草果搭配使用，也可除牛肉膻味；还可加入良姜去腥提香，桂皮增香去异味，花椒去腥臭，香叶增香防腐。若想增强飘香味，可以考虑千里香，香味不浓但通透明显，丁香可以实现透骨香，多用则苦，0.03%即可。

（4）冷却　酱卤产品煮制后，需经过冷却程序，才能进行包装。冷却环境的洁净程度及降温程序对酱卤产品的货架期影响很大。需使酱卤产品在55~25 ℃期间快速降温，可有效降低冷却期间微生物繁殖，延长产品销售时间。建议可在冷却车间建立双螺旋速冻隧道，使产品通过传送带经过制冷室的过程中急速降温。双螺旋速冻隧道冷却约30 min便可将产品急速冷却至10℃以下，缩短酱卤产品冷却时间，降低产品冷却过程中的微生物增殖风险。

132. 牛肉干的关键加工技术有哪些?

（1）原料肉的选择　牛肉干类产品要求原料无明显筋腱，脂肪含量不宜过高。因此，主要选取牛肉后部位肉为原料，实际生产中选择针扒、烩扒最佳。使用时应去除原料肉表面大块的筋膜和脂肪，保证成品口感及风味。

（2）腌制技术　腌制过程可根据产品类型选择不同的腌制剂。食盐主要用来调味、抑制微生物杂菌生长，糖类物质赋予产品丰富的滋味。此外，不同温度条件下，糖类物质与牛肉蛋白质发生不同程度的美拉德反应同样赋予产品独特的风味。可以添加具有特殊风味的香辛料如辣椒、孜然、五香粉等，可根据不同产品需求进行添加，满足对不同味型产品的需求。

①干腌法：利用食盐或混合腌制剂（混合有食盐、白糖、香辛料等）涂擦在肉制品表面，然后层堆在腌制架上或层装在腌制容器内，依靠外渗汁液形成盐液进行腌制的方法。多数在4℃左右冷库中进行。腌制时间视腌制间温度与肉块大小而定，冷库腌制1~2 d。其间要经常检查，防虫害和鼠害，经常翻动。

优缺点：优点是风味好，缺点是费时费力。

②滚揉腌制法：一种现代化的腌制方法。将食盐或混合腌制剂（混合有食盐、白糖、香辛料等）和适量水在机械作用下与牛肉混合，通过真空环境和滚揉设备加速腌制过程。

优缺点：优点是腌制均匀、时间短；缺点是需要设备，产品口感降低。

（3）干制方式　牛肉在干制过程中会对内部的物理特性产生影响，如水分的迁移、脂肪的溶解氧化、蛋白质的变性等。

因此，在干制过程中，在保证脱水效率的同时，要最大限度地维持或减小对原有品质的影响。目前牛肉干制方式如下。

①自然干制：借助自然条件如自然风、光照、干燥气候等实现生牛肉脱水，由于自然干制操作简便、成本较低、深受农户喜爱。虽然自然干制在节省能源方面有其优势，但干制牛肉品质的稳定性却很难保证。其中风干温度建议在15~20℃。温度过低（<10℃）会导致水分蒸发慢，延长风干时间；温度过高（>25℃）易滋生细菌，增加腐败风险。相对湿度需<50%，湿度过高（>60%）可能导致发霉或变质；若环境潮湿，可借助风扇或除湿机辅助通风。一般耗时3~7 d，具体时间取决于肉片厚度和环境条件，需每日检查干燥度，以肉干表面干硬、内部柔韧（无水分渗出）为完成标准。

②热风干燥：相比于自然干制，因其不受自然环境因素影响，更具优势。该技术能在相对较短的时间内有效降低牛肉水分，同时，通过精确调控热风干燥的各项参数，如温度和风速，可以确保肉干品质的均匀性与稳定性。此外，通过温度和风速可以，改善牛肉干制品产品风味、降低能耗、提升干燥效率。热风干燥过程建议采用梯度温度风干：前期高温（70℃，1 h），快速脱水并抑制微生物增殖；中期恒温（60℃，主干燥期），匀速脱水，保留风味；后期降温（50℃，终干），平衡内外水分，防止回潮。

（4）冷却程序　干制后的牛肉干，应在干制间或冷却间内尽快将表面温度降低至不超过25℃，可采用自然冷却或强风冷却。自然冷却（常温摊晾）将干燥后的牛肉干平铺于不锈钢网架或食品级托盘上；置于通风、干燥、洁净的环境中（温度20~25℃，湿度<50%）；自然散热1~2 h至中心温度≤30 ℃；适用场景：小规模生产、家庭制作。强制风冷（机械通风冷却）使用轴流风机或工业冷风机，风速1~2 m/s；将肉干置于传送带或多层网架，冷风逆向吹扫；冷却时间20~40 min，目标温度≤25 ℃；适用场景：工业化连续生产。应注意避免风速过高导致表面水分过度流失（硬度增加）；定期清洁风机滤网，防止灰尘污染；控制出风口温度与室温差≤10 ℃（避免骤冷结露）。冷却后的牛肉干应尽快包装储存，或者在温湿度较低的储存条件下储存，避免干燥后的肉干反复吸湿影响食用品质。

133. 牛肉熏煮香肠关键加工技术有哪些?

熏煮香肠是指将腌制后的碎肉或肉糜添加各种辅料、调味料，拌和均匀或乳化后灌装入天然或人造肠衣中，经烟熏、蒸煮、干燥等工序加工制作而成的肠状熟肉制品。熏煮香肠大多源于西方，近些年深受国人喜爱，不同产地的制品因原辅材料不同、加工工艺不同和风味不同而形成众多以产地命名的产品，如法兰克福香肠、维也纳香肠、克拉科夫香肠等。一般工艺：原料选取→修整→绞碎→腌制→斩拌→灌制→蒸煮→冷却、包装。

（1）原料肉的选择　应选用冷鲜的牛后腿肉与肥膘，先检查是否存在异物，后将肉中的筋、膜、淤血淋巴等剔除干净，处理前后的肉温均应低于10℃，不能处理的原料肉应及时送入0℃至4℃冷库保存。若选用冻肉作为原料，则应避免冻融次数超过2次的原料，解冻后原料肉中心温度应控制在 -2~2℃。

（2）腌制　腌制前用绞肉机将清洗后的牛瘦肉与肥膘分别绞碎，注意控制整个过程的环境温度，绞碎的原料肉与脂肪出机温度应控制在1~3℃，暂存时间不宜超过4 h。将食盐、复合磷酸盐、异抗坏血酸钠、亚硝酸钠与绞好的瘦肉粒混合搅拌均匀，放入0~4℃环境下腌制24~48 h。

（3）斩拌技术　斩拌过程是决定牛肉熏煮香肠品质的关键，其间要将腌制好的原料肉与搅碎的脂肪、配料分批放入斩拌机中进行斩拌，斩拌过程中需添加冰水控制肉馅温度。第一步斩拌（1 min）：加入牛瘦肉；第二步（2 min）：加1/3冰水；第三步（3 min）加调味料：白砂糖、白胡椒粉、大蒜粉、味精、生姜粉、鸡精、小茴香粉、谷氨酰胺转氨酶、1/3冰水；第四步（3 min）：加脂肪、大豆分离蛋白、1/3冰水。整个斩拌流程共9 min，斩拌结束时肉样温度应低于14℃。

（4）灌装　斩拌好的肉馅用真空灌肠机将斩拌均匀的肉馅灌入胶原蛋白肠衣中，灌装长度9~10 cm，灌装后的香肠应肠体饱满、扭结均匀，色泽均匀，灌装过程温度不宜过高，暂存时间不超过1 h。

图8-3　灌装设备

（5）熟制　将灌制好的肠放入烟熏炉中用60℃的温度中烘烤。将水加热至90℃左右，放入灌好烘干的生肠，在水温80℃左右的条件下，煮制后取出，待成品自然冷却后包装储存，建议贮藏温度 –18℃。

134. 牛骨、牛脂肪、牛肝的分类分级评判标准有哪些?

牛骨分类分级体系

（1）牛骨等级分类和用途评定标准　牛骨按照卫生安全状况及处理方式分为两大类：I 类食用级，根据流通销售方式又划分为 A、B、C 三类；Ⅱ类非食用级，两大类别（见表8-6），非食用级牛骨又可分为医药级、工业级和照明级。

表 8-6　牛骨等级分类和用途

序号	类别		用途
I 类	食用级	I A	烹饪菜肴
		I B	可直接用于高汤产品的生产，也可制备调味料，或制成食用骨粉或骨泥用作食品添加剂
		I C	食用明胶（用于生产软糖，或作为乳制品稳定剂和增稠剂等）
Ⅱ 类	非食用级	医药级	医用（胶囊、代血浆明胶等）
		工业级	纺织、印染、塑胶以及饲料等
		照明级	照明用分散剂和黏合剂

（2）牛骨感官评价标准　食用级牛骨感官品质评价依据
（见表8-7）《食品安全国家标准　食品添加剂明胶》（GB 6783—
2013）；非食用级牛骨感官品质评价依据《饲料用骨粉及肉骨粉》
（GB/T 20193—2006）。

表8-7　牛骨感官评价标准

类别	等级		感官描述
I	食用级	I A	白色或浅黄色，无异物，有光泽，无腐败气味或哈喇味
		I B I C	浅黄色至黄色，无明显血污、脂肪及肉块残留，无不适气味
II	非食用级	II A	白色或浅黄色，无异物，无腐败气味或哈喇味
		II B	浅黄至浅黄褐色，无明显血污、脂肪及肉块残留，无腐败气味
		II C	—

（3）牛骨微生物评价标准　两个质量等级的牛骨微生物评
价标准（见表8-8），主要依据《绿色食品 畜禽可食用副产品》
（NY/T 1513—2017）、《食品安全国家标准　食品添加剂明胶》
（GB 6783—2013）、《食用明胶》（QB/T 4087—2010）。

表 8-8　牛骨微生物评价标准

微生物指标	食用级			非食用级		
	I A	I B	I C	II A	II B	II C
菌落总数 CFU/cm²	< 10⁶	10 000	10 000	< 1 000	—	—
大肠菌群 MPN/cm²	< 4 000	3（MPN/g）	3（MPN/g）	不得检出	—	—
沙门菌	不得检出	不得检出	不得检出	不得检出	不得检出	—
金黄色葡萄球菌	不得检出	不得检出	不得检出	不得检出	—	—

（4）牛骨理化指标评价标准　两个质量等级的牛骨理化评价标准（见表8-9），主要依据：污染物指标沿用 NY/T 1513—2017；食品添加剂用牛骨参考 GB 6783—2013和GB/T 4087—2010；工业级医用牛骨沿用 QB 2354—2005；工业级饲料用牛骨沿用 GB/T 20193—2006。

表 8-9　牛骨理化评价标准

理化指标	食用级			非食用级		
	I A	I B	I C	II A	II B	II C
粗蛋白 /%	> 15	> 15	> 15	> 10	—	—
粗脂肪 /%	> 10	> 10	> 10	> 5	≤ 3.0	—
水分 /%	≤ 14.0	≤ 14.0	< 20	< 20	≤ 5.0	—
酸价（KOH）/（mg · g⁻¹）	< 3	< 3	< 5	< 9	≤ 3	—
总磷 /（g · 100 g⁻¹）	> 22	> 22	> 16	> 14	≥ 11.0	—

（5）牛骨产地环境与加工条件标准

①产地环境

a. 食用级：ⅠA 和 ⅠB 级，应符合 NY/T 391规定；ⅠC 级，应符合 QB 6783—1994规定。

b. 非食用级：ⅡA 级，应符合 QB 2354—2005规定；ⅡB 级，应符合 QB 2355—2005规定；ⅡC 级，应符合 QB 1996—2005规定。

②加工条件

a. 食用级：ⅠA 级，应符合 GB 12694和 GB 19303的规定；ⅠB 级，应符合 GB 12694的规定；ⅠC 级，应符合 QB 4807—2010 的规定。

b. 非食用级：ⅡA 级，应符合 QB 2354—2005的规定；ⅡB 级，应符合 QB 2355—2005的规定；ⅡC 级，应符合 QB 1996—2005的规定。

③ 预处理方法

a. 食用级

ⅠA 级，对原料牛骨，首先用30~50℃的清水冲洗，直至无可见血污及脂肪，然后巴氏消毒或酒精消毒，简易包装或真空包装后，作为食品原料冷藏。

ⅠB 级，对原料牛骨，首先用30~50℃的清水冲洗，直至无可见血污及脂肪，然后巴氏消毒或酒精消毒，简易包装或真空包装后，作为食品原料冷藏。

ⅠC 级，对原料牛骨，首先用30~50℃的清水冲洗，直至无可见血污及脂肪，简易包装。

b. 非食用级

ⅡA 级，对原料牛骨，首先用50℃清水反复冲洗，直至无任何可见残留物；在121℃、0.12 MPa 的高温灭菌锅中加热20 min，彻底灭酶、灭菌。然后在0℃下冷却去除油脂，再进行二次灭菌后，用无菌灌装或真空包装，低温冷藏。

ⅡB 级，对原料牛骨，用清水洗去可见血污，晾干后常温或低温储藏。

ⅡC 级，对原料牛骨，晾干后常温或低温储藏。

牛脂肪分类分级体系

（1）牛脂肪术语和定义　食用牛脂肪（edible beef fat）：肉牛屠宰后不能与牛肉一起销售的，可食用的脂肪组织。非食用牛脂肪（inedible beef fat）：肉牛屠宰后不能与牛肉一起销售的，不可食用的脂肪组织。板油（flare fat）：牛肾腰部脂肪。网油（ruffle fat）：肉类动物覆盖在胃、肠外面的脂肪。皮下脂肪（subcutaneous fat）：去皮后留在瘦肉上的油脂。坏死脂肪（fat necrosis）：肾脏和胰腺周围、大网膜和肠管等处，手指头大到拳头大的、呈不透明灰白色或黄褐色的脂肪坏死凝块，其中含有钙化灶和结晶体等，仅用于非食用级。碎脂（minced fat）：肉牛屠宰后，在精细分割和修形中产生的碎脂肪。（见表8–10）

表 8–10　术语和定义的确定方法

编号	名词和术语	确定方法
1	食用级牛脂肪	NY/T 1513—2017

编号	名词和术语	确定方法
2	非食用级牛脂肪	NY/T 1513—2017
3	板油	GB/T 19480—2009
4	网油	GB/T 19480—2009
5	皮下脂肪	GB/T 19480—2009
6	脂肪坏死	GB 18393—2001

（2）牛脂肪卫生要求　《绿色食品　畜禽可食用副产品》（NY/T 1513—2007）和《食品安全国家标准　食用动物油脂》（GB 10146—2015）卫生标准制定。

（3）牛脂肪产品等级分类标准　《肉与肉制品术语》（GB/T 19480—2025）中规定了牛屠宰后不同部位脂肪的术语和定义，规定了板油、网油和皮下脂肪的定义。《牛羊屠宰产品品质检验规程》（GB 18393—2001）给出了脂肪坏死的定义。本书中牛脂肪划分参照上述标准将牛脂肪副产物分为板油、网油和脂肪坏死三部分。

（4）牛脂肪产品等级分类和用途标准　牛脂肪依据物理、化学、有害物及氧化状态等品质特征分为两大用途：I 食用级和 II 非食用级（表8-11）。食用级品质评价依据脂肪来源、色泽和气味进行评价。脂肪来源主要包括板油、网油和脂肪坏死部分。色泽依据《牛肉等级规格》（NY/T 676-2010）和《食品安全国家标准 食用动物油脂》（GB 10146—2015）判定。

表 8-11 牛脂肪等级分类和用途

等级	类别	主要来源	用途
I	食用级	板油，网油，碎脂（符合食品安全要求）	（1）高级食用牛油 （2）食品起酥油 （3）食品添加剂原料 （4）调味品
II	非食用级	板油，网油，脂肪坏死（不符合食品安全要求）	（1）饲料 （2）制皂 （3）润滑油 （4）生物柴油

①食用级牛脂肪品质评价标准 食用级牛脂肪品质评价根据脂肪来源、色泽和气味等决定，分为特级、优级和普通级（表8-12）。

表 8-12 食用级牛脂肪感官评价指标

等级	脂肪来源	感官描述
特级	板油	白色，光泽好，无异味、无酸败味
优级	板油、网油	白色略带黄色或浅黄色，有光泽，无异味、无酸败味
普通级	板油	黄色或深黄色，光泽较差，无异味、无酸败味
	网油	黄白色、黄色或深黄色，光泽一般或较差，无异味、无酸败味

②非食用级牛脂肪品质评价标准 非食用级牛脂肪品质评价主要根据脂肪色泽和气味决定，分为饲料用和非饲料用（表8-13）。

表 8-13　非食用级牛脂肪感官要求

项目	指标	
	饲料用	其他
外观	白色或淡黄色，稍有光泽	无要求
气味	无异味	无要求

（5）牛脂肪产品技术指标要求

①食用级脂肪技术指标要求

食用级牛脂肪技术指标见表8-14。

表 8-14　食用级牛脂肪理化指标兽药

项目	指标
酸价（KOH）/（mg·g^{-1}）≤	1.50
过氧化值 /（g·100 g^{-1}）≤	0.20
丙二醛 /（mg·g^{-1}）≤	0.25

②非食用级脂肪技术指标要求 《饲料原料目录》中规定总脂肪酸≥90%，不皂化物≤2.5%，不溶杂质<1%。《饲料卫生标准》（GB 13078—2017）中针对骨粉，规定铅（以 Pb 计，mg/kg）≤10.0，总砷（以 As 计，mg/kg）≤10.0，氟（以 F 计，mg/kg）≤1 800。

牛肝分类分级体系

采用牛肝重量和生理成熟（年龄）2个指标作为分级指标。

按照牛肝生理成熟度判定方法，将牛肝样品分为3个级别，即24月龄以下、24~48月龄和48月龄以上。

135. 牛副产物常用脱腥、脱毛技术有哪些?

脱腥操作流程

（1）简易食盐浸泡脱腥技术

①工艺流程：牛肝（分割）→预处理（解冻，冲洗，切片）→脱腥。

②主要内容：将冷冻的牛肝放置于4℃环境下缓慢解冻，将牛肝表面血迹冲洗干净，去除牛肝表面筋膜，脂肪和其他附着物；将牛肝修切整齐，大小和形状保持一致。将牛肝放入脱腥液中，在4℃环境中浸泡脱腥。每隔一段时间更换一次脱腥液并冲洗牛肝。

③最佳工艺：牛肝最佳脱腥时间为60 min，最佳添加量为1.0%，盐水可有效脱除牛肝腥味，显著将其腥味值降低到1~2。

（2）盐水复合酵母脱腥技术

①工艺流程：原料选择→预处理→修整切型→食盐法脱腥→酵母法脱腥。

②主要内容：原料选择，牛屠宰后取完整肝脏，–20℃冷冻备用。

预处理：首先将牛肝进行冷水解冻，然后再用流动水冲洗30 min，最后浸泡在水中备用。

修整切形：将附着在牛肝表面的油膜、血管、筋状物修整干净，切成小块，要求尽可能在低温环境（16℃）中进行。

盐水脱腥法：在不高于10℃条件下将预处理过的牛肝放置在一定质量分数的食盐溶液中浸泡，重复浸泡3次。

酵母脱腥法：在适宜的酵母发酵温度条件下将经盐水法处理后的牛肝置于一定浓度的酵母溶液中浸泡40 min。最后用清水冲洗干净。

③最佳工艺：牛肝脱腥的最佳工艺条件为采用安琪酵母发酵温度30℃、酵母添加量1%、食盐添加量5.6%和食盐溶液浸泡78 min。

（3）NaCl和 β–环状糊精联合技术

①工艺流程：同盐水复合酵母脱腥技术相似，原料选择→预处理→修整切型→NaCl脱腥→β–环状糊精脱腥。

②主要内容：对新鲜的牛肝、牛心、瘤胃三种副产物样品进行脱腥处理，采用NaCl+β–CD溶液复合浸泡脱腥方式。

③最佳工艺：牛肝，采用1.0% NaCl溶液处理50 min，随后使用1.2% β–CD溶液处理10 min；牛心，通过1.0%NaCl溶液处理50 min后，接着使用0.6% β–CD溶液处理10 min；瘤胃，最佳工艺为先经1.2% NaCl溶液处理30 min，再采用1.0% β–CD溶液处理30 min。

（4）葱–姜提取液掩盖技术

①工艺流程：同简易食盐脱腥技术相似，原料选择→预处理→修整切型→葱–姜提取液脱腥。

②主要内容：将牛副产物表面血迹冲洗干净，去除表面筋膜，脂肪和其他附着物，修切整齐，大小形状保持一致。置于脱腥液中，在4℃环境中浸泡脱腥。

③最佳工艺：当葱–姜提取液的配比为1：1，料液比为1：3，牛心、肝、瘤胃浸泡时间为30 min；牛肺和牛肠浸泡时间为20 min 时，腥味值均达到最小值。

（5）面包酵母发酵脱腥技术

①工艺流程：同简易盐水脱腥技术相似，原料选择→预处理→修整切型→酵母脱腥。

②主要内容：将牛副产物表面血迹冲洗干净，去除表面筋膜，脂肪和其他附着物，修切整齐，大小形状保持一致。置于脱腥液中，在4℃环境中浸泡脱腥。

③最佳工艺：当牛心的酵母添加量为2.0%，牛肝、肺、瘤胃和肠的酵母添加量为1.0%；牛心、肝、肺和瘤胃的酵母发酵温度为35℃，牛肠的发酵温度为40℃；当牛心的酵母发酵时间为30 min，牛肝的酵母发酵时间为40 min，牛肺、瘤胃和肠的酵母发酵时间为45 min 时，腥味值均达到最小值。

（6）活性干酵母＋β–环糊精复合技术

①工艺流程：同盐水复合酵母脱腥技术相似，原料选择 →预处理 →修整切型 →酵母脱 腥→ β–环糊精脱腥。

②主要内容：基于上述面包酵母发酵脱腥技术，增加不同添加量 β–CD（0.6%~1.4%）进行脱腥处理。

③最佳工艺：基于酵母脱腥的最佳参数，当 β–CD 添加量为1.0% 时，腥味值达到最小值。

（7）超声＋壳聚糖复合技术

①工艺流程：同盐水简易脱腥技术相似，牛肝（分割）→预处理（解冻，冲洗，切片）→超声＋壳聚糖复合脱腥。

②主要内容：同盐水复合酵母脱腥技术相似，在不同超声功率（300~700 W）、时间（4~12 min）、料液比（1：8~1：12）、壳聚糖溶液的添加量（1：1~1：5）和反应时间（20~45 min）条件下，以腥味值为评价指标，评价对牛副产物的脱腥效果。

③最佳工艺：牛心、肺超声＋壳聚糖复合脱腥的最佳工艺为超声功率为510.89 W，超声时间为8.10 min，料液比为1：10.04，壳聚糖溶液添加量为1：2.97，反应时间为30.28 min。牛肝、瘤胃和肠：超声功率为509.21 W，超声时间为8.08 min，料液比为1：10.05，壳聚糖溶液添加量为1：2.99，反应时间为35.14 min。

（8）天然提取物等脱腥技术

①工艺流程：同盐水简易脱腥技术相似，仅替换脱腥溶液相应参数。

②最佳工艺：牛胃最佳脱腥条件为迷迭香提取物0.17 g/100 ml、海藻糖2.25 g/100 ml、食盐0.64 g/100 ml，在此条件下脱腥效果显著。

牛脂肪在浸泡浓度、浸泡料液比、浸泡时间单因素条件下：酵母葡聚糖处理法适宜条件为1.2%，1：4，2 h；活性干酵母处理法适宜条件为1.1%，1：3，40 min；β–酵母环糊精处理法适宜条件为0.6%，1：4，40 min；茶多酚处理法适宜条件为0.35%，1：3，50 min。

注意事项：不同脱腥原料由于其物质属性差异，对浸泡温度等环境差异要求不同，如β–环糊精、酵母等均需在一定温度条件下实现溶解实现，因此应根据不同原料针对性调节温度等脱腥条件。

干酵母：通常需要将其置于温水中。一般推荐的温度范围是30~35℃，这个温度范围有助于确保酵母细胞能够存活并开始活跃地发酵。

β-环糊精：具有亲水性的外缘和疏水性的内腔，这种结构使其能够在水中溶解一些疏水性的分子，在水中的溶解度随着温度的升高而增加。

牛副产物脱毛技术

（1）新鲜原料

①烫毛燎毛法：最佳工艺，原料冲洗→修剪处理→热烫处理→机械（手工）脱毛→修整冲洗；通过验证得出最佳参数为：宰后时间2 h内，热烫温度为65℃，热烫时间为8 min，对于残余小毛使用喷火枪等灼烧原料表面去除。

②热烫-松香甘油酯联用法：最佳工艺，原料冲洗→修剪处理→热烫处理→放入融化的松香甘油酯中→冷却凝固→剥离脱毛→修整冲洗；松香甘油酯放入锅中加热，5 kg松香甘油酯中加入0.5 kg食用油增加流动性以便操作，将原料放入融化的松香甘油酯中充分沾满，5~10 s捞出放入水池中冷却，待充分凝固后剥离松香甘油酯，毛发随即脱落。

（2）冷冻原料

①碱-酶联用法：最佳工艺，原料解冻→修剪处理→食用碱溶液泡发→热烫脱毛→碱性蛋白酶处理→刮刀脱毛→修整冲洗→清洁化处理；通过验证得出最佳参数：料液比1∶3，食用碱浓度5%，碱发时间20 h，随后放入水中浸泡16 h，涨发后增重4.95%；将原料放入65℃热水中浸烫8 min，捞出后进行初次脱毛；使

用料液比为1∶3的碱性蛋白酶，在酶液浓度为800 IU/ml，温度50℃，pH 10.0的条件下酶解3 h，使用刮毛刀脱去剩余毛发，最后使用食醋浸泡灭酶及回调pH。

②分步酶法：最佳工艺，原料解冻 → 修剪处理 → 碱性蛋白酶处理 → 中性蛋白酶处理→机械脱毛→修整冲洗→清洁化处理；通过验证得出最佳参数为料液比1∶3条件下，先加入碱性蛋白酶再加入中性蛋白酶，碱性蛋白酶和中性蛋白酶的酶活力配比为6∶4，酶液浓度为1 850 IU/ml，酶解温度为45℃，碱性蛋白酶酶解时间为2.60 h，碱性蛋白酶酶解 pH 为10.5，中性蛋白酶酶解时间为2.50 h，中性蛋白酶酶解 pH 为7.5。

136. 牛尾产品加工新技术有哪些?

（1）药膳滋补牛尾汤产品

①工艺流程：原料处理 → 焯水 →炖煮 →称重、装罐 →封罐 → 杀菌

②主要内容：将牛尾表面血迹冲洗干净，去除表面筋膜，脂肪和其他附着物，基于牛尾的分级分段，将牛尾分成前、中、后三部分，选用前段牛尾。

焯水：将肉冷水下锅，加热至水微沸，计时3~5 min，撇去浮沫，清洗备用炖煮，将枸杞、党参等药食同源食品以及其他香辛料冷水下锅，水沸后加牛尾，并计时。

称重、装罐：待汤冷却至室温，称取大致内容物300 g于罐内，罐体无异常凸起和凹陷。

杀菌：喷淋杀菌，121℃，30 min。

③最佳工艺：炖煮时间为15~20 min，且杀菌条件为121℃，30 min 时，药膳滋补牛尾汤色泽诱人，滋味鲜美，风味浓郁。

（2）预制牛尾休闲产品

①工艺流程：原料选择 → 腌制 → 焯水 → 卤煮 → 真空包装 → 杀菌

② 主要内容：将牛尾表面血迹冲洗干净，去除表面筋膜，脂肪和其他附着物，基于牛尾的分级分段，将牛尾分成前、中、后三部分，选用中、后段牛尾。

腌制：根据鲜肉重，调配腌制液，将盐、复合磷酸盐、葱、姜、酱油以及水等按比例与牛尾混合，在0~4℃下腌制2 h。

焯水：将腌制后的牛尾进行焯水处理，冷水下锅，水开后计时，焯水3 min 左右。

卤煮：根据鲜肉重，将八角、桂皮、丁香、山奈、小茴香、香叶、草果、花椒、草蔻、生姜、葱以及生抽、老抽、盐、糖等香辛料及调味料按比例进行调配，与牛尾一起放置锅中，卤煮30~40 min。

包装：待牛尾降至室温后按要求用锡箔包装袋进行定量包装，装袋标准150 g。

杀菌：喷淋杀菌，121℃，20 min。

（3）注意事项　将盛装配料的器皿与设备清洗干净并消毒，操作人员必须洗手、消毒并穿戴工作服、工作帽、胶鞋；在操作前，对整个操作车间进行0.5 h臭氧杀菌；腌制要点，在腌制过程中，将肉和腌制液抓拌均匀，使得腌料和肉充分混合。

卤煮要点：卤煮过程中要水开后放入香辛料和肉，水开后计时，卤煮过程中要进行搅拌，防止粘锅。

包装时袋口要擦干净（擦拭的毛巾要消毒），封口时布纹要均匀，不能有皱褶，并且包装材料要符合相应的卫生标准和有关规定。

（4）最佳工艺　卤煮时间为40 min、灭菌条件为121℃，20 min 时，其成品色泽诱人，肉质软硬适中，香气层次丰富，既有肉香味，又有酱卤香味，有嚼劲，口感十足。

第九章　肉牛粪污处理与利用技术

137. 以200头肉牛养殖场为例，粪便收集场及液体粪污收集池如何建设？

根据《畜禽规模养殖场粪污资源化利用设施建设规范（试行）》，粪便收集场建设容积：$0.006\,7\,m^3 \times$ 发酵周期（60 d）× 设计存栏量（存栏量按照猪当量计算，100头猪 =15头奶牛 =30头肉牛 =250只羊 =2 500只家禽）；液体粪污收集池容积：$0.017\,m^3$（肉牛日产生粪污量）× 储存周期（60 d）× 设计存栏量。因此，以200头肉牛养殖场为例，储存时间为60 d的情况下，粪便收集场建设容积应不小于80 m³，液体粪污收集池容积应不小于204 m³。

138. 粪便收集场及液体粪污收集池建设要点是什么？

粪污存储设施建设选址应合理。一般来说，畜禽粪污存储设施应建在养殖场常年主导风向的下风向或侧风向，并与生产区保持一定距离，最好有隔离带或者围墙。与各类功能地表水源保持400 m 以上的距离，不应建设在河道、行洪区等洪水易发区域。粪污存储设施地面需为坚硬结构，不能使污水下渗。最好采用密封式结构（或半密封），避免臭气影响周边；必须有顶，以防止雨水影响。如果粪便含水量较大，地面应设计一定的倾斜角度，旁边建设污水暂存池收集污水，做到"四防"，即防雨、防渗、防溢、防臭。

粪便收集场有地上式和半地下式，也有采用全地下式。地上式一般高出地面1.5~2.0 m，半地下式一般地面上下各1 m。储粪场一般为长方形和正方形，设有进、出粪口。

液体粪污储存池一般分地下式、地上式两种。地上式采用机械动力输送，地下式采用暗沟或暗管自然流淌（场内地势应有一定坡度），土质条件好、地下水位低的场地宜建造地下式储存设施；地下水位较高的场地宜建造地上式储存设施。储存设施可根据场地地形、面积、位置和土质条件，选择建造形状。

139. 如何设计适合公牛养殖的粪尿分离牛床？

在肉牛养殖过程中，通常采用的牛床为水泥地面，有些牛舍的畜床设计不合理，牛的粪尿经常混杂在一起，粪尿分离困难，不仅造成牛舍潮湿，还造成牛的后躯被粪污污染。因此，采用粪尿分离的牛床，可以使尿液排到尿沟里，粪便排在粪沟里，达到了固液分离的效果，牛体黏附的粪便量大大减少。

设计适用于公牛的粪尿分离牛床时，牛床宽155~160 cm，在距饲槽60 cm下方设置25~30 cm的排尿沟，排尿沟上铺设20 cm水泥条或漏缝板，排尿沟地下部分坡度为2.5%，在牛舍排尿沟后端设置尿液储存井，加盖封存，定期取出用于生产沼气或无害化处理后全量还田。

140. 小型肉牛养殖户如何进行粪污轻简化好氧堆肥发酵?

结合同心县肉牛养殖情况及农业发展特点,可采取简易膜覆盖发酵模式。利用肉牛粪便、农业秸秆等废弃物,在田间地头,采用静态条垛式堆肥方式,下铺塑料防渗膜,上覆保温保湿防雨塑料膜,周边设置矮土墙覆黑膜防溢,覆黑膜采用双抗材料,提高使用年限。使用堆肥发酵菌剂促进堆肥升温、提高发酵速度;冬季使用低温发酵菌剂,夏季1.0~1.5个月、冬季2~3个月即可完全发酵腐熟,直接还田。同时使用臭气控制菌剂,减少臭气产生,阻隔畜禽粪污臭味扩散,提高发酵温度,缩短堆肥周期,提高对病原微生物及草籽的杀灭率。

（1）堆肥场建设　按照最长堆肥时间6个月,每头牛产粪量20 kg/d计算,以10头牛为计算基数,在养殖场下风口且远离江河及水源地的田间地头建设简易堆肥场,面积为62.5 m^2。堆肥池深10 cm,周边设置10~20 cm的土墙,并整平压实。堆肥池底部及周边土墙铺0.5 mm厚黑膜防渗防溢,黑膜上铺5 cm厚的碎土并压实,雨季在堆肥上覆保温保湿防雨塑料膜,实现三防功能。覆黑膜建议采用双抗材料,以提高使用年限,一般可使用8年。

（2）原料混合　主料为肉牛场粪便,配料为秸秆、稻壳、木屑、菌渣等废弃物。小型肉牛养殖户一般以能繁母牛为主,同时饲养部分育肥牛,产生的牛粪碳氮比一般为20~30,通常不须调整碳氮比;部分牛场产生的牛粪碳氮比不能满足堆肥条件时,可适当添加秸秆或尿素等调整碳氮比为20~30。水分一般控制在60%~65%（取样,用手用力攥,若无水珠而松开手后看到水分明显）；新鲜或储存池中的牛粪加入适量堆肥发酵菌剂或原肥作为发酵腐熟剂并混合均匀；按照使用说明进行添加堆肥菌剂，一般按照湿物料体积1‰接种；用一次发酵的高温物料作为发酵菌剂，添加比例为1%~2%。冬季清粪前24~48 h添加菌剂，夏季清粪前3~5 h添加菌剂。

（3）堆肥发酵　堆肥发酵采用简易静态好氧发酵工艺。将混合后的物料在发酵场地堆成底边宽1.5~1.8 m，上边宽0.6~0.8 m，高1.0~1.2 m的梯形条垛，如分段多条垛堆肥，条垛之间间隔0.5~1.0 m；为减少臭气释放，可在堆体表层覆土1~2 cm。一般24~48 h起温，并控制发酵温度在50~65℃（用手摸烫手），堆体温度50℃以上≥10 d或60℃以上≥5 d为一个发酵周期。

141. 在冬季低温情况下能正常完成堆肥吗?

北方冬季温度较低，堆肥发酵过程极其缓慢。一般建议堆肥物料最少要4 m³，形成有效的温度积蓄，温度才能上升起来，保证堆肥过程的有效进行。同时，碳氮比为20~30，水分控制在55%~65%，并添加低温高效微生物发酵菌剂，促进堆肥过程，在温度较低情况下，低温发酵菌剂可以快速启动发酵过程，保持60℃以上温度48 h后翻堆，一般冬天30~40 d就发酵好了。

142. 好氧堆肥升温后随即降温的原因是什么?

答：当堆肥碳氮比过高时，会导致堆肥升温后即刻降温，因此应采用含氮量丰富的有机物料。堆肥中微生物分解有机物适宜的碳氮比为20~30。作为原料的秸秆碳氮比比较高，一般为40~60；畜禽粪便碳氮比较低，通常为10~30。利用畜禽粪便，可以降低秸秆中的碳氮比。调整到适宜的碳氮比25左右时，有机物分解速度最大，加速堆肥的腐熟。

143. 如何判断堆肥已经完成？

堆肥过程结束后，明显看到堆肥体积减小，堆肥体积比刚堆成的条垛塌陷1/3~1/2，翻动堆体后如果长出了白色菌丝，堆肥颜色变成褐色或黑褐色。加入适量水进行有效搅拌，浸出液颜色呈淡黄色，没有明显臭味，堆肥过程就基本完成了。将发酵完成的有机肥在晾晒场上均匀摊开，翻晒使含水量低于30%，此时有机肥可安全使用了。

144. 发酵后的牛粪如何作为肥料利用？

牛粪发酵后可制作有机肥或直接还田利用。制作有机肥时，将堆肥成品进行筛分，添加各种添加物后搅拌混合后制成成品。也可进行造粒，制备成颗粒有机肥。直接还田时，可以根据土壤肥力及作物种类，确定施用限量。一般每公顷小麦和玉米为20 t、水稻为22 t、枸杞为30 t、苹果为25 t、梨为28 t、柑橘为36 t、黄瓜为28 t、番茄为43 t、茄子为37 t、青椒为37 t、大白菜为20 t。

145. 牛粪如何作为垫料使用？

通过晾晒或烘干方法将发酵后的牛粪水分降到30%以内。

利用人工或垫料抛撒车将牛粪均匀铺设在牛只趴卧位置，厚度20~30 cm即可；使用时，及时补充新垫料，更换发霉垫料；及时清除垫料上面的粪便，保持垫料的清洁卫生。

146. 牛粪如何养殖蚯蚓？

将发酵后的牛粪堆成宽1 m，高0.3 m的条垄，垄间距1.5 m，牛粪温度控制在15~27 ℃，湿度控制在60%~70%，pH控制在6~8。选择适合人工养殖的蚯蚓品种，养殖密度一般控制在每平方米1万条左右。夏季用遮阳网或苫盖薄层稻草、秸秆遮阴。夏天一般1~2 d在傍晚浇水一次，秋冬季3~7 d浇水1次。以用手用力握基质时指缝有水但不掉落为最好，湿度过大蚯蚓会逃逸或死亡。一般每月补充牛粪2~3次，上料前先翻堆，每次补充牛粪厚度一般为6~10 cm，垄高不超过1 m。冬季可加盖塑料布、厚稻草或秸秆等进行防寒处理，保证蚯蚓顺利越冬。一般夏季30 d采收一次，春、秋季节宜45 d采收一次，收获的蚯蚓可作为昆虫蛋白使用或出售。